U0030237

從廚房開始的
健康生活：

低醣主義
Low carb diets
粗食正夯

生活美食家 Nancy
食尚營養師 Charlotte

聯手出擊

100道

全食物
低醣料理美味提案！

目錄
C o n t e n t

Chapter 1　導言

Chapter 2　前菜 低醣醬料

誰說低醣不吃醬料？
自己動手做，健康又營
養，更是低醣料理好幫
手，讓你快速上菜！

Chapter

3

前菜
沙拉

沙拉可是「低醣飲食
法」的必備桌上菜，
但總是配來配去就這幾
樣？掌握搭配原則，百
變沙拉吃不膩！

減醣，也可以很美味

「減糖」，或「減醣」，不是一時興起跟著流行的飲食法。
對我來説，這是一種生活態度，一種生活方式。

記得剛剛認識 Charlotte 時，我正好要去法國，
她很熱心介紹了甜點必吃咖啡廳，我微笑説：「不好意思！我不吃甜點。」
她睜大眼睛説：「天啊！實在是太浪費了，去法國不吃甜點？？！！」
她當時應該覺得我很奇怪吧？？！！

高中時期是個小胖妹，各種減肥方法我都嘗試過了。
除了運動之外，飲食真的是占絕大部分因素。對我來説，最容易，也最可以持
之以恆的就是「減糖」，再進階為「減醣」。
「醣」千萬不能不吃，而是要選對食物，知道正確的烹煮方式。

兩年多前，開始與 Charlotte 直播，分享健康在家煮系列。
因為是好朋友關係，我們默契十足：我烹調，她分享營養學的部分；我料理，
她計算卡路里跟營養成分，可以説是合作無間。

這本書我們寫得很認真，因為我們想真心分享健康生活。
因為我深信：

減醣也可以很美味，
料理可以很療癒，
也可以變成一種生活態度。

這就是，我的生活，我的日常！

生活美食家

讓營養成為新食尚

「營養師不是都叫人吃草嗎?」這句話令人印象深刻。

記得第一次跟 Nancy 相遇在台北信義商圈的 Bellavita(麗寶廣場),透過好友介紹簡單寒暄後,得知她即將啟程去巴黎。剛好,我才從巴黎待了一個月,便興沖沖地跟她分享著我所整理了巴黎最喜愛的 14 間甜點店。結果萬萬沒想到,Nancy 斷然的説:「我不吃甜點的!但營養師不是都叫人吃草嗎?」

那時候,我只是一名營養學系的大學生;Nancy 則是在世界旅遊的購物狂。相隔四年後,我們各自生下一個寶寶:我開了「營養師的實驗廚房」;Nancy 則生下了 Lucas。我還記得在開幕茶會的當天,Nancy 抱著 Lucas 的畫面仍歷歷在目。沒想到一轉眼,Lucas 如今也已經 8 歲了!

在養育孩子的路上,Nancy 更是悉心的照料三餐,煮出一手好菜,煮出滿滿的心得。她擁有一顆想跟天下媽媽們分享的心情,因此熱忱的跟我提議説:「我們一起出一本書!」當然,我二話不説地答應!

現在,我是一名食尚營養師,Nancy 是生活美食家。我們都相信食物的力量,攜手將「營養X美味」的料理食譜一次大公開,以精準科學化的簡單步驟,高規格的營養分析,打造健康食尚生活風格!

所以,就邀請大家一起走進廚房,
享受動手做的體驗感動,享受食物的真滋味～

食尚營養師

家庭幸福感，從餐桌美味開始蔓延

認識 Nancy 已經很久很久了。

看著 Nancy 從單身走入婚姻家庭，因為對健康生活的追求、對家庭餐桌氣氛的堅持，常常看到 Nancy 不管再怎麼忙碌，總是會準時回到家利用有限的時間，變出一桌大人孩子都買單的家庭西餐。尤其是搭配漂亮的擺盤、看著高檔卻簡單易執行的西餐料理，對許許多多忙碌的女人來說，Nancy 的食譜真的是很容易上手入門的家庭桌菜。

因此當我第一手拿到這份食譜後，在幾次家庭好友聚會品酒的晚上，隨著搭配的酒品 —— 紅酒、白酒、香檳，從中翻閱 Nancy 的食譜找出相對應的搭配菜色，很輕鬆就能複製出書中的美味，讓家庭餐桌增添不少氛圍。

好搭、好做、好吃，重點是好看，所以我深深覺得這是一本「具有生活儀式感的家庭幸福食譜」。書中的內容也打破我以往對於做西餐的恐懼：以前常覺得西餐有一堆讓我感到很陌生的步驟，連食材也陌生；後來聽完 Nancy 一席話，原來掌握好醬料，就能從中變化出很多簡易美味多變的西餐料理。

除了好上手，就我多年認識 Nancy 的經驗，她是個對飲食食材內容的健康度相當要求的女主人：低卡、低醣、少精製。在養生、健康、均衡的訴求上，少去中式的大火、快炒等等破壞食物營養的步驟，透過蒸烤、清拌、新鮮醬料的搭配，這本食譜，我相信可以滿足許多在意飲食內容的女人、女孩、主婦們，甚至所有人的需求，讓每一個家庭的幸福感，從餐桌的美味開始蔓延。

醫師

蔡佳芬

（璞之妍醫美中心院長，前台大皮膚科總醫師）

寫在前面

如何快速使用本書

本書特點：

① 容易製作的料理步驟
② 預計烘焙時間及難易度
③ 含有熱量及營養素的成分表

④ 可以透過每個章節的顏色標籤快速尋找到你想要製作的料理，馬上進入低醣的世界。
⑤ 不為人知的料理祕技 TIPS

檢視總熱量卡路里是否超過 1 餐的含量

1 分鐘看懂適合你的營養素

本書中每道料理皆呈現一人份的營養成分表，包含總熱量、醣類、蛋白質、脂肪、鈉含量。

雖說是低醣飲食，但醣類（碳水化合物）是身體能量的主要來源之一，因此重點在於其中的含糖量不要攝取過量

營養成分表 （以一人計算）		總熱量 100.4 kcal
醣類 9 g	糖量	1.5 g
	膳食纖維	4.6 g
蛋白質 8.6 g		
脂肪 3.6 g	飽和脂肪	1.2 g
	鈉	654.4 mg

全穀雜糧	豆魚蛋肉	蔬菜	水果	乳品	油脂與堅果種子
0	1 份 低脂	0.5 份	0	0	0.4 份

☞營養師小提醒：
要均衡攝取六大類食物

食物應多元化，追求營養均衡，避免每天吃一樣的食物，長期可能因偏食造成營養素缺乏。這裡的「一份」約一個拳頭或一碗八分滿來計算。唯油脂以「茶匙」計算。

chapter

1

導言
Foreword

近年流行「低醣減碳」的飲食生活，聽起來似乎很難，此次規畫 14 天的輕量版減醣計畫，配合後面的食譜，依循每一天的減醣任務與目標，循序漸進的將減醣融入生活中，你將會發現改變飲食與生活習慣並不難～

減醣 14 日課表 📝

Start!

		第一週	
天數	目標	說明	是否達到
Day 1	寫下目標，遇見更好的自己	想嘗試新的「低醣減碳」飲食生活嗎？你對自己有信心嗎？寫下 14 天後你希望達成的目標和給自己的獎勵！	給自己的獎勵：_____
Day 2	認識生活中的醣	翻到 P203，看看生活中有哪些食物含醣～ 例：猜猜看千島沙拉醬是否含醣？	□是 □否 □不知道
Day 3	動手記下來	根據今天 24 小時內，吃到的醣類食物做紀錄。 例：吐司、地瓜、番茄炒蛋	早餐：_____ 午餐：_____ 晚餐：_____ 點心：_____
Day 4	了解自己的體組成	你知道相同重量的肌肉和脂肪，竟然體積差了 7 倍！站上體脂肪機，真實的面對自己。	體重：_____ kg 體脂肪：_____ %
Day 5	計算自己一天所需的六大類食物	參考 P204，做自己的營養師，依照步驟打造專屬你的每日飲食指南	□是 □還再努力 □否
Day 6	營養標示看一眼	翻到 P207，讓營養師教你正確閱讀食品包裝上營養標示，習得此技能一輩子受用～	□是 □還再努力 □否
Day 7	營養標示算算看	今天就到超市逛逛～買東西前記得先閱讀營養標示。同時，寫下你最「驚訝」的食品～	□任務完成 □任務失敗 我最驚訝：_____

從「減醣」開始，
14 天看到希望

14 Days Challerge

第二週			
天數	**目標**	**說明**	**是否達到**
Day 8	和甜甜的醬料說掰掰	冰箱裡的常備醬料，可以方便日常上菜時快速上桌，今天就試試做低醣檸檬青醬（見 P22）～	□新手等級 □專業等級 □總鋪師等級
Day 9	你今天吃青菜了嗎？	天天吃足五蔬果，高纖低醣好健康。三份蔬菜，兩份水果，你吃夠了嗎？（一份約一個拳頭或一碗八分滿）	□滿滿菜味 □一半一半 □正在點菜
Day 10	幫自己做一份沙拉	到食譜的沙拉篇 P88，挑一個最吸引你的沙拉，動手做做看～	米其林 □一星 □二星 □三星
Day 11	想要來點肉	到 Chapter3 沙拉篇（P38 ～ 64），利用菇類增加主菜體積，能享受肉的香氣，同時能提升飽足感外，更能增加膳食纖維！	□好吃 □太好吃 □簡直五星級大廚
Day 12	低醣不等於無醣	你不可不知道，人的身體無法沒有醣，適當的醣類對身體有哪些好處？	□體重控制 □腦部養分 □血糖穩定 □降低癌症風險
Day 13	療癒系甜點	翻到 Chapter10 烘焙篇（P184 ～ 200），選擇你最療癒的甜點，泡一壺熱茶，給自己的療癒午茶時光～	□愉悅 □享受 □放鬆
Day 14	給自己愛的鼓勵	回顧這 14 天，你是否有感受到身體的變化？輕盈了一些？精神變好了？記錄下自己的感動，這會是你持續下去的動力。當然，別忘了與自己的獎勵約定 😀	□我成功了！ □我要再努力～ □需要呼叫營養師

是不是執行下來一點也不難呢？

接下來，就可以根據我們提供的低醣料理，搭配你的早午晚餐，想辦法從 14 天變成一個月，然後再延長至三個月，持續至半年、一年，甚至變成自己的飲食習慣，挑戰低醣大成功！

前菜
Appetizer

/

低醣
醬料
Sauce

好油打好醬

低醣美乃滋

市售的美乃滋都偏甜，自己做的更美味安心。美味關鍵就在於選用品質良好的橄欖油。打製時添加法式芥末醬，能讓風味更佳；打好後建議冷藏 2 小時，味道會更融合。

份量：**20** 人份

難易度：🥄🥄🥄🥄🥄

料理時間：預計約 **20** 分鐘

營養成分表 (以一人計算)	總熱量 **115** kcal	
醣類	0.2 g	糖量	0 g
		膳食纖維	0 g
蛋白質	0.2 g		
脂肪	12.8 g	飽和脂肪	2.1 g
		鈉	59.4 mg

全穀雜糧	豆魚蛋肉	蔬菜	水果	乳品	油脂與堅果種子
0	0	0	0	0	25 份

材料

蛋黃	1 顆約 18g	海鹽	3g
法式芥末醬	12g	黑胡椒	3g
初榨橄欖油	250g		
檸檬汁	6g		

做法

1 將蛋黃和法式芥末醬以電動攪拌器打均勻，分次加入橄欖油打製，至融合變濃稠。

2 最後加檸檬汁、海鹽、黑胡椒調味成美乃滋。

3 將美乃滋放冰箱冷藏至少 2 小時，讓所有味道融合。

Tips ｜ 若沒有檸檬汁，也可使用白酒醋取代。

全方位塔塔醬

塔塔醬是相當百搭的醬汁,結合酸黃瓜末,巧妙加上些許咖哩粉,不管是配炸物,或是搭生菜、餅乾等,都能凸顯食物的風味。

份量:20 人份
難易度:
料理時間:預計約 10 分鐘

老少皆宜全家愛

營養成分表 (以一人計算)		總熱量 107.5 kcal
醣類	2.0 g	糖量 0 g
		膳食纖維 0.5 g
蛋白質	0.5 g	
脂肪	11.2 g	飽和脂肪 1.9 g
		鈉 207.1 mg

材料				
自製美乃滋	250g		海鹽	3g
酸黃瓜	125g		黑胡椒	3g
蒔蘿	20g			
咖哩粉	15g			

做法

1　酸黃瓜切碎,加其他材料攪拌均勻即可。

全穀雜糧	豆魚蛋肉	蔬菜	水果	乳品	油脂與堅果種子
0	0	0.1 份	0	0	2.2 份

低醣番茄醬

你知道市售番茄醬有許多看不見的糖分嗎？自己做可利用罐頭番茄加上羅勒、鼠尾草等香草，就能製出風味更有層次的番茄醬。

份量：6人份
難易度：
料理時間：預計約 10 分鐘

清新香草味

營養成分表 (以一人計算)	總熱量 102.8 kcal	
醣類 5.7 g	糖量	2.5 g
	膳食纖維	1.9 g
蛋白質 1.4 g		
脂肪 8.8 g	飽和脂肪	1.6 g
	鈉	177.4 mg

全穀雜糧	豆魚蛋肉	蔬菜	水果	乳品	油脂與堅果種子
0	0	0	0.2 份	0	1.7 份

 材料

罐頭番茄	400g	羅勒	15g
初榨橄欖油	50g	海鹽	3g
蒜末	5g	乾燥鼠尾草	8g
洋蔥末	8g	黑胡椒	3g

 做法

1　將番茄和洋蔥末、蒜末放入電動攪拌器。
2　慢慢加入橄欖油打勻，再放羅勒、海鹽、乾燥鼠尾草、黑胡椒調味。

地中海茄子醬

茄子也能變成美味的醬料！這是我去埃及旅行時吃到的料理，回台後念念不忘，原來自己做這麼簡單！以麵包、烤餅沾食非常對味，也可搭配蔬菜享用。

軟滑超美味

份量：**6** 人份
難易度：🥄🥄🥄🥄🥄
料理時間：預計約 **50** 分鐘

營養成分表 (以一人計算)		總熱量 **70.7** kcal
醣類	**3.4** g	糖量 1.2 g
		膳食纖維 1.6 g
蛋白質	**1.1** g	
脂肪	**6.2** g	飽和脂肪 1.1 g
		鈉 175 mg

全穀雜糧	豆魚蛋肉	蔬菜	水果	乳品	油脂與堅果種子
0	0	0.5 份	0	0	1.2 份

 材料

茄子	300g	白芝麻	10g
茴香粉	3g	海鹽	3g
初榨橄欖油	30g	黑胡椒	3g
檸檬汁	12g		

 做法

1 烤箱預熱至 200°C，茄子洗淨後表面灑海鹽，入烤箱烤 30 分鐘。

2 烤好後取出靜置 10 分鐘，去皮，將茄子搗成泥狀。

3 將茄子泥加橄欖油、檸檬汁、黑胡椒和茴香粉拌勻。

4 盛盤時撒芝麻、海鹽與橄欖油裝飾。

低醣墨西哥莎莎醬

以大量蔬果製作的莎莎醬，食材可依喜好任意變化，番茄的酸甜結合洋蔥辛香，風味相當清爽，重點是熱量很低，不管是當成點心沾醬，或是搭配海鮮、肉類都很對味。

滋味清爽

份量：**6** 人份
難易度：🥄🥄🥄🥄🥄
料理時間：預計約 **10** 分鐘

營養成分表 （以一人計算）		總熱量 30.8 kcal	
醣類	6.3 g	糖量	3 g
		膳食纖維	1.6 g
蛋白質	1.2 g		
脂肪	0.3 g	飽和脂肪	0.1 g
		鈉	176.6 mg

全穀雜糧	豆魚蛋肉	蔬菜	水果	乳品	油脂與堅果種子
0	0	14 份	0	0	0

材料

牛番茄	800g	茴香粉	3g
洋蔥末	5g	香菜	10g
蒜頭	8g	檸檬汁	20g
海鹽	3g		

做法

1　將牛番茄洗淨切半。
2　將香菜、蒜頭切末。
3　將所有食材攪拌均勻即可。

酪梨莎莎醬

以番茄、洋蔥等為基底的莎莎醬,用途相當廣泛,
若是再加上酪梨,更是添增清爽又滑順的滋味。
以麵包沾食也很美味。

份量：**4** 人份
難易度：
料理時間：預計約 **10** 分鐘

百搭萬用

營養成分表 (以一人計算)		總熱量 **103.5** kcal
醣類	9.3 g	糖量 0.9 g
		膳食纖維 2.4 g
蛋白質	1.9 g	
脂肪	7 g	飽和脂肪 1.4 g
		鈉 279.2 mg

材料

美國酪梨切丁	150g	檸檬汁	12g
牛番茄切丁	80g	蒜粉	5g
橄欖油	20g	海鹽	3g
洋蔥末	15g	黑胡椒	3g
巴西里葉	8g		

做法

1　除了酪梨以外的所有食材攪拌均勻。

2　再以電動攪拌器打成泥的酪梨放入［做法 1］攪拌均勻即可。

全穀雜糧	豆魚蛋肉	蔬菜	水果	乳品	油脂與堅果種子
0	0	0.2 份	0	0	1.4 份

低醣檸檬青醬

以大量羅勒加上松子打成的青醬，是義大利麵基本醬汁之一，帶著濃郁的香草芬芳，烹調後，能讓食物染上青草綠色澤與天然香氣，是大地給予我們最棒的風味。

份量：**8** 人份

難易度：

料理時間：預計約 **10** 分鐘

新鮮香草味

營養成分表 （以一人計算）		總熱量 **194.8** kcal	
醣類	11.3 g	糖量	0.4 g
		膳食纖維	7.5 g
蛋白質	6.4 g		
脂肪	15.2 g	飽和脂肪	2.8 g
		鈉	164 mg

全穀雜糧	豆魚蛋肉	蔬菜	水果	乳品	油脂與堅果種子
0	0	0	0	0.1 份 低脂	2.7 份

材料

羅勒	150g	蒜末	18g
初榨橄欖油	80g	檸檬皮	5g
松子	40g	海鹽	3g
帕馬森起司	15g	黑胡椒	3g

做法

1 新鮮羅勒洗淨，放入電動攪拌器後，再慢慢分次加入橄欖油攪拌。

2 再將其他所有材料放入電動攪拌器攪拌均勻即可。

Tips ｜ 松子可使用其他堅果代替。

義式香草油醋醬

選用一瓶好的初榨橄欖油,能充分感受到橄欖的果香以及產地風土韻味,搭配以葡萄陳釀的巴薩米克醋,回甘的酸韻更是畫龍點睛,不管是以麵包沾食或當沙拉醬汁都很適合。

份量:**6** 人份

難易度:🥄🥄🥄🥄🥄

料理時間:預計約 **20** 分鐘

酸香開胃

營養成分表 (以一人計算)		總熱量 **70.5** kcal	
醣類	1.6 g	糖量	0.8 g
		膳食纖維	0.1 g
蛋白質	0.3 g		
脂肪	7.1 g	飽和脂肪	1.1 g
		鈉	213.4 mg

材料

初榨橄欖油	40g	海鹽	3g
法式芥末醬	20g	黑胡椒	3g
巴薩米克醋	20g		
蒜泥	3g		

做法

1　將所有的材料攪拌均勻即可。

全穀雜糧	豆魚蛋肉	蔬菜	水果	乳品	油脂與堅果種子
0	0	0	0	0	1.4 份

Tips ｜ 若嗜辣可加一點辣椒提味,更有層次感。

酪梨堅果醬

酪梨擁有優質的脂肪，亦有森林奶油之稱，質地相當細滑，很適合做成醬料。酪梨搭配堅果，加上適量橄欖油打製，就是最棒的抹醬。

份量：**8** 人份

難易度：

料理時間：預計約 **20** 分鐘

滑順可口

營養成分表 (以一人計算)		總熱量 110.1 kcal	
醣類	8.2 g	糖量	1 g
		膳食纖維	2.8 g
蛋白質	2.9 g		
脂肪	7.9 g	飽和脂肪	1.7 g
		鈉	154.7 mg

材料

美國酪梨 1 顆約 220g	檸檬汁	12g
無鹽綜合堅果 45g	海鹽	3g
巴西里 20g	初榨橄欖油	30g
羅勒 20g	西班牙紅椒粉	10g
蒜末 10g		

做法

1 酪梨取果肉,與堅果、巴西里、羅勒、蒜末、檸檬汁、海鹽、西班牙紅椒粉放入電動攪拌器。
2 分次加橄欖油打至均勻即可。

全穀雜糧	豆魚蛋肉	蔬菜	水果	乳品	油脂與堅果種子
0	0	0	0	0	1.5 份

低醣花生芝麻醬

調製時,記得先將花生醬、芝麻醬慢慢加水調開,等到質地滑順了,再加醋等液體調味,最後再加鹽、糖等攪拌。除了當麵包抹醬,拌麵也很可口。

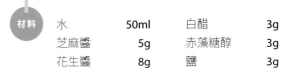

份量:**2**人份
難易度:●●●●●
料理時間:預計約 **10** 分鐘

營養成分表 (以一人計算)		總熱量 48 kcal	
醣類	2.6 g	糖量	1.5 g
		膳食纖維	0.7 g
蛋白質	1.4 g		
脂肪	3.7 g	飽和脂肪	0.6 g
		鈉	529.5 mg

材料

水	50ml	白醋	3g
芝麻醬	5g	赤藻糖醇	3g
花生醬	8g	鹽	3g

做法

1 將花生醬與芝麻醬和水,均勻調開。
2 調開後陸續加白醋、赤藻糖醇、鹽,攪拌均勻即可。

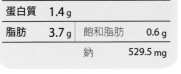

全穀雜糧	豆魚蛋肉	蔬菜	水果	乳品	油脂與堅果種子
0	0	0	0	0	0.7 份

Tips | 拌麵或沾麵包也很適合。

手作羊奶瑞可達起司

瑞可達起司（Ricotta Cheese）是一種義大利乳清起司，特色是色澤雪白，含有大量水分，且乳脂含量低，相對較健康，是義大利料理常使用的食材。這款以羊乳製作的起司，很適合給對牛奶過敏的小朋友食用。

份量：**6**人份

難易度：🥄🥄🥄

料理時間：預計約**50**分鐘

清新甘甜

材料

鮮羊奶	1000g
鮮奶油	110g
海鹽	5g
檸檬汁	50g

做法

1 湯鍋內放入羊奶、鮮奶油、鹽，煮至約 85°C 熄火。

2 倒入檸檬汁攪拌均勻，蓋上紗布靜置 30 分鐘。

3 濾網鋪布，倒入［做法 2］過濾，將瑞可達起司與乳清分離。

4 將濾出的瑞可達起司擠乾，冷藏定形，隔天即可享用。

Tips | 手作起司可冷藏保存一星期。

營養成分表 (以一人計算)	總熱量 173.3 kcal		
醣類	7.6 g	糖量	7.4 g
		膳食纖維	0 g
蛋白質	6.1 g		
脂肪	13.9 g	飽和脂肪	9.8 g
		鈉	353.4 mg

全穀雜糧	豆魚蛋肉	蔬菜	水果	乳品	油脂與堅果種子
0	0	0	0	0.7 份 全脂	1.4 份

藍紋優格醬

藍紋起司（Blue Cheese）雖然帶股特殊的香氣，但愈吃愈迷人，若搭配優格和美乃滋調製，還能變成風味絕佳的醬汁，不管是配麵包或沾食，或做成沙拉也很適合。

愈吃愈迷人

份量：**8** 人份

難易度：🥄🥄🥄🥄🥄

料理時間：預計約 **20** 分鐘

營養成分表 （以一人計算）	總熱量 **148.5** kcal

醣類	1.5 g	糖量	0.3 g
		膳食纖維	0.1 g
蛋白質	3.9 g		
脂肪	14.1 g	飽和脂肪	5.2 g
		鈉	444.3 mg

全穀雜糧	豆魚蛋肉	蔬菜	水果	乳品	油脂與堅果種子
0	0	0	0	0.4 份 全脂	1.7 份

 材料

藍紋起司	140g	海鹽	3g
希臘優格	50g	黑胡椒	3g
美乃滋	80g		
巴西里	8g		

 做法

1 將藍紋起司搗碎，加入希臘優格與美乃滋混合均勻。

2 靜置 5 分鐘，加入海鹽與黑胡椒調味。

3 最後放巴西里當作裝飾即可。

Tips ｜ 可以加鮮奶油讓口感更滑順。

自製希臘優格

優格能增加體內好菌，並促進腸道蠕動，自己動手做並
不難。若有優格機，只要加優格粉和水即可輕鬆製成；
若無優格機，也有簡易的方法可調成醬。

體內環保利器

份量：**6** 人份

難易度：🥄🥄🥄🥄🥄

料理時間：預計約 **12** 分鐘

材料

全脂鮮奶	1000ml
無糖原味優格	4 大匙
乾燥玻璃杯	1 個
豆漿袋	1 個

營養成分表 (以一人計算)	總熱量 187.5 kcal	
醣類 14.7 g	糖量	12.8 g
	膳食纖維	0 g
蛋白質 9.6 g		
脂肪 9.8 g	飽和脂肪	6.6 g
	鈉	161.3 mg

全穀雜糧	豆魚蛋肉	蔬菜	水果	乳品	油脂與堅果種子
0	0	0	0	12份全脂	0

做法

1　取一湯鍋倒入鮮奶，以中小火加熱至約 80° C
　關火 （約 3 分鐘）。

2　關火靜置降溫至 40° C，加無糖原味優格攪拌
　均勻。

3　倒入已消毒並完全乾燥的玻璃瓶，蓋上毛巾。

4　放入電鍋保溫，保持約 35° C，約 12 小時後
　取出。

5　將豆漿袋放在濾網上，下方放一個大碗。

6　將取出的優格倒入豆漿袋，包起密封放冰箱
　冷藏約 2 小時，使其乳清分離。

7　乳清分離後即為希臘優格，倒入玻璃瓶保存。

優格沙拉醬

用自製的希臘優格質地介於一般優格與起司之間,帶著順口的酸韻,搭配水果、甜點和拌沙拉都很對味,亦可加入自製沙拉醬,能降低油分,讓醬汁吃來既清爽,又有著滑順濃郁的口感。

份量:**6** 人份

難易度:

料理時間:預計約 **10** 分鐘

萬用百搭

材料

檸檬汁	20g
白酒醋	5g
椰糖	8g
蒜末	6g
自製希臘優格	80g（P29）
橄欖油	30g

做法

1　將所有材料放入食物調理機，打勻即可。

Tips ｜　若沒有食物調理機，可使用電動攪拌器。

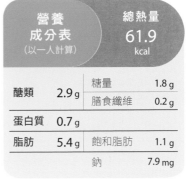

營養成分表 (以一人計算)	總熱量 61.9 kcal	
醣類 2.9 g	糖量	1.8 g
	膳食纖維	0.2 g
蛋白質 0.7 g		
脂肪 5.4 g	飽和脂肪	1.1 g
	鈉	7.9 mg

全穀雜糧	豆魚蛋肉	蔬菜	水果	乳品	油脂與堅果種子
0	0	0	0	0.1 份全脂	1 份

芥末籽沙拉醬

芥末籽帶著溫和柔順的辛辣感，是西式料理中常運用的醬料，
不管是搭配開胃菜、肉食或是海鮮，都能提升食物的美味，甚
至當成烤肉醃醬、涼拌菜肴或是沙拉的醬料，也都很適合。

份量：**2** 人份

難易度：

料理時間：預計約 **10** 分鐘

滑順可口

● 材料

芥末籽	8g
花生醬	4g
檸檬汁	20g
低醣美乃滋	10g（P16）

● 做法

1　將所有材料放入食物調理機或電動
　　攪拌器，打勻即可。

Tips　|　手作沙拉醬可冷藏保存一星期。

營養 成分表 (以一人計算)		總熱量 **62.6** kcal
醣類	1.7 g	糖量	0.4 g
		膳食纖維	0.2 g
蛋白質	0.8 g		
脂肪	6 g	飽和脂肪	1 g
		鈉	74.6 mg

全穀 雜糧	豆魚 蛋肉	蔬菜	水果	乳品	油脂與 堅果種子
0	0	0	0	0	12 份

紅酒紫蔥沙拉醬

相較於常見的黃洋蔥,紫洋蔥含有較多含抗氧化的花青素,辛辣感也稍微低一些,很適合生食或是調製成醬料。紫洋蔥加紅酒醋等打成醬汁,不管是搭配海鮮或是當成沙拉醬都很對味。

份量:**3**人份

難易度:

料理時間:預計約 **20** 分鐘

酸香開胃

材料

紫洋蔥	100g
蒜末	8g
椰糖	6g
蒔蘿粉	8g
初榨橄欖油	15g
紅酒醋	4g
香檳酒醋	8g
海鹽	3g
黑胡椒	3g

做法

1 紫洋蔥切丁。

2 將蒜末、椰糖、蒔蘿粉、初榨橄欖油、紅酒醋、香檳酒醋、海鹽和黑胡椒以食物調理機或電動攪拌器。

3 再加入紫洋蔥丁攪打均勻即可。

營養成分表 (以一人計算)		總熱量 76.2 kcal	
醣類	7.2 g	糖量	3.3 g
		膳食纖維	1.3 g
蛋白質	1 g		
脂肪	5.1 g	飽和脂肪	0.9 g
		鈉	349.8 mg

全穀雜糧	豆魚蛋肉	蔬菜	水果	乳品	油脂與堅果種子
0	0	0.4 份	0	0	1 份

前菜
Appetizer

沙拉
Salad

紅酒紫蔥透抽沙拉

屬於十字花科的芝麻葉，擁有豐富的營養元素，若想吃得清爽無油膩感，搭配海鮮是最棒的選擇。透抽汆燙後切成圈，鋪在芝麻葉上，再淋上紅酒紫蔥沙拉醬，就能讓人吃得心滿意足。

份量：**2**人份
難易度：🥄🥄
料理時間：預計約 **20** 分鐘

好看又美味

材料

紫洋蔥	80g
透抽	300g
芝麻葉	50g
西班牙紅椒粉	5g
紅酒紫蔥沙拉醬	20g（P34）

做法

1　紫洋蔥切丁，拌入紅酒紫蔥沙拉醬。

2　透抽洗淨，入滾水汆燙約 3 分鐘，撈起後切圈備用。

3　將 [做法 1] 醬料淋在透抽、芝麻葉上，拌勻後再撒西班牙紅椒粉裝飾即可。

Tips　｜　**透抽也可改用白蝦代替。**

營養成分表（以一人計算）	總熱量 130.8 kcal	
醣類 12.2 g	糖量	3.1 g
	膳食纖維	2 g
蛋白質 19.5 g		
脂肪 2.7 g	飽和脂肪	0.6 g
	鈉	209.9 mg

全穀雜糧	豆魚蛋肉	蔬菜	水果	乳品	油脂與堅果種子
0	2.6 份 低脂	0.8 份	0	0	0.3 份

鮪魚蛋沙拉

罐頭鮪魚是方便又美味的好食材，一般有水煮與油漬兩種風味，使用前，記得先將水分或油分瀝乾，加上自製的美乃滋，再拌入水煮蛋，就是能快速上桌的一餐。

份量：**4** 人份

難易度：🥄🥄🥄🥄🥄

料理時間：預計約 **10** 分鐘

小朋友最愛

營養成分表 （以一人計算）		總熱量 **238.7** kcal
醣類 **7.3**g	糖量	1.2 g
	膳食纖維	2.5 g
蛋白質 **10.4**g		
脂肪 **19.1**g	飽和脂肪	3.9 g
	鈉	560.8 mg

全穀雜糧	豆魚蛋肉	蔬菜	水果	乳品	油脂與堅果種子
0.1 份	0.5+0.8 份 低脂 中脂	0.4 份	0	0	2.9 份

材料

鮪魚罐頭	1 罐約 180g	黑胡椒	10g
水煮蛋	3 顆	洋蔥粉	5g
玉米粒	20g	西班牙紅椒粉	5g
洋蔥末	15g	生菜葉	200g
檸檬汁	12g	低醣美乃滋	30g（P16）
海鹽	3g		

做法

1　將水煮蛋切片，加玉米、洋蔥末、檸檬汁、海鹽、黑胡椒、洋蔥粉、煙燻紅椒粉拌勻。

2　加上美乃滋。

3　鋪在生菜上即可。

地中海式海鮮沙拉

地中海式的沙拉特色是食材豐富、色彩繽紛,能夠攝取到多種維生素,若是搭配煎海鮮與烤蔬菜,就成了口感更豐富的溫沙拉,帶著迷人的海鮮鮮味,吃來更是大滿足。

份量:**4** 人份

難易度:

料理時間:預計約 **40** 分鐘

腸道蠕動+

鮮味迷人

營養成分表 (以一人計算)		總熱量 **244.7** kcal	
醣類	20.6g	糖量	0.7 g
		膳食纖維	4.8 g
蛋白質	25.4g		
脂肪	7.3 g	飽和脂肪	1.7 g
		鈉	664.8 mg

全穀雜糧	豆魚蛋肉	蔬菜	水果	乳品	油脂與堅果種子
0.4 份	3.1 份低脂	0.4 份	0.2 份	0	1.2 份

 材料

毛豆	20g	酪梨	1 顆約 200g
白蝦	200g	綜合生菜	150g
干貝	80g	小番茄	150g
透抽	200g	海鹽	3g
櫛瓜	150g	橄欖油	8g
蟹肉棒	50g	蒜末	5g
藜麥	30g	蒔蘿	5g

醬料:

蒜末	10g	海鹽	3g
酸豆	8g	黑胡椒	3g
蒔蘿	3g	橄欖油	15g
檸檬汁	12g		

 做法

1 先將藜麥煮熟備用。

2 櫛瓜、小番茄加海鹽與橄欖油,放入烤箱以 180° C 烤 15 ～ 20 分鐘。

3 取一平底鍋,將蒜末、白蝦炒熟。

4 然後加入少許橄欖油與蒜末,放入干貝、透抽。

5 加海鹽與檸檬、蒔蘿調味。

6 干貝約煎 3 分鐘,透抽約煎 5 分鐘。

7 將酸豆切末,加蒜末、蒔蘿、檸檬汁、海鹽、黑胡椒和橄欖油調成醬。

8 將白蝦、干貝和透抽鋪在生菜上,再放藜麥、小番茄、櫛瓜、酪梨。

9 最後淋上醬料即可。

煙燻鮭魚起司卷

煙燻鮭魚結合酸豆和洋蔥永遠是不敗的經典組合，想要口味更好，還可結合奶油起司（Cream Cheese），利用煙燻鮭魚美麗的色澤，抹上醬料捲起，就成了賣相十足的派對小點。

份量：**2** 人份

難易度：🥄

料理時間：預計約 **20** 分鐘

派對最佳小點

材料

燻鮭魚	100g	紫洋蔥	15g
奶油起司	30g	檸檬汁	10g
小黃瓜	90g	義式香料	10g
酸豆	20g	迷迭香	10g

做法

1　紫洋蔥切末，泡冰水去辣備用。
2　奶油起司加檸檬汁、酸豆混合均勻拌成醬料。
3　煙燻鮭魚攤平，鋪上醬料，再加上義式香料後捲成鮭魚卷。
4　小黃瓜切片鋪底，放上鮭魚卷。
5　最後以迷迭香裝飾即可。

營養成分表（以一人計算）	總熱量 238.9 kcal		
醣類 9.4 g	糖量	1.4 g	
	膳食纖維	3.3 g	
蛋白質 13.6 g			
脂肪 16.5 g	飽和脂肪	10.8 g	
	鈉	86.1 mg	

全穀雜糧	豆魚蛋肉	蔬菜	水果	乳品	油脂與堅果種子
0	1.7 份 中脂	0.4 份	0	0	2.4 份

白蝦酪梨番茄塔

口感猶如奶油般的酪梨，也很適合打成醬汁，搭配海鮮更是對味，若想要看起來更有質感，可將蔬菜、海鮮和酪梨醬層層疊起做成塔，不僅色澤豐富，造型美觀，非常適合當成開胃菜。

份量：**4**人份
難易度：🥄🥄🥄🥄🥄
料理時間：預計約 **20** 分鐘

滋味有層次

材料

白蝦	300g	蒜末	5g
蟹肉棒	30g	洋蔥末	20g
酪梨	200g	橄欖油	15g
牛番茄	40g	酸豆末	15g
櫛瓜	90g	堅果碎	15g
檸檬汁	20ml	薄荷葉	少許

做法

1　將蒜末、洋蔥末炒成金黃色，放白蝦煎熟，加檸檬汁與酸豆末。

2　櫛瓜與牛番茄切成薄片。蟹肉棒煮熟瀝乾。

3　酪梨去皮切丁，加蒜末、海鹽、黑胡椒、檸檬汁以食物調理機攪成酪梨醬。

4　依序將番茄、酪梨醬、櫛瓜片、酪梨醬、白蝦、蟹肉棒疊起，撒薄荷葉與堅果碎。

營養成分表 (以一人計算)	總熱量 194.3 kcal		
醣類	9.2 g	糖量	1 g
		膳食纖維	3.1 g
蛋白質	19.9 g		
脂肪	8.9 g	飽和脂肪	1.7 g
		鈉	234.6 mg

全穀雜糧	豆魚蛋肉	蔬菜	水果	乳品	油脂與堅果種子
0	2.5 份 低脂	0.2 份	0	0	1.6 份

涼拌香橙鮭魚沙拉

生食鮭魚並非只能搭配芥末醬油,淋上西式風味的醬汁也很適合。將柳橙汁、檸檬汁加上紅酒醋等調成帶著柑橘類清新風格的醬汁,頗能襯出鮭魚的鮮美,滋味格外清爽舒適。

份量:**3**人份

難易度:🥄

料理時間:預計約 **10** 分鐘

清爽美味

材料

生食級鮭魚	6 片約 120g	檸檬汁	15g
柳橙汁	25ml	紅酒醋	15g
芝麻葉	150g	海鹽	3g
海苔絲	10g	黑胡椒	3g
白芝麻	30g		

 做法

1　將鮭魚切成薄片。

2　柳橙汁、檸檬汁、紅酒醋、海鹽、黑胡椒攪拌均勻。

3　芝麻葉鋪底，放鮭魚片，淋上醬汁。

4　上桌前撒白芝麻、海苔絲與柳橙片即可。

Tips　│　若不敢吃生食或給小朋友吃，可將生鮭魚炙燒。

營養成分表（以一人計算）		總熱量 154.3 kcal	
醣類	6.3 g	糖量	0.2 g
		膳食纖維	3.5 g
蛋白質	14.4 g		
脂肪	8.7 g	飽和脂肪	2.4 g
		鈉	398.1 mg

全穀雜糧	豆魚蛋肉	蔬菜	水果	乳品	油脂與堅果種子
0	1.4 份 中脂	0.5 份	0.1 份	0	1.2 份

墨西哥雙豆沙拉

鷹嘴豆、紅腰豆都是相當受歡迎的食材,想要吃來有滋有味,可試試墨西哥風味,將紅酒醋加檸檬汁、橄欖油、蒜末和茴香粉等調成紅酒醋醬,能讓豆子沙拉吃來充滿異國風情。

份量：**2** 人份

難易度：🍴🍴

料理時間：預計約 **40** 分鐘

有滋有味

材料

鷹嘴豆	30g	紅酒醋	12g
紅腰豆	30g	海鹽	3g
黑橄欖	15g	蒜末	5g
小番茄	30g	茴香粉	5g
玉米	15g	黑胡椒	3g
檸檬汁	15g	薄荷葉	8g
小黃瓜	90g	巴西里	15g
橄欖油	20g		

做法

1 小番茄對切，小黃瓜切片，巴西里切末。

2 將鷹嘴豆、紅腰豆煮熟，加小黃瓜、小番茄、黑橄欖、玉米混合均勻成沙拉。

3 將檸檬汁、橄欖油、紅酒醋、海鹽、蒜末、茴香粉、黑胡椒拌成紅酒醋醬，
　冷藏半小時。

4 沙拉上桌前淋紅酒醋醬，撒巴西里、薄荷葉。

營養成分表 (以一人計算)	總熱量 209.7 kcal	
醣類 18.7 g	糖量	2.2 g
	膳食纖維	8.6 g
蛋白質 6.4 g		
脂肪 13.1 g	飽和脂肪	2.2 g
	鈉	593 mg

全穀雜糧	豆魚蛋肉	蔬菜	水果	乳品	油脂與堅果種子
0.6 份	0	0.3 份	0.1 份	0	2.2 份

北非小米沙拉

北非小米（Couscous），也稱為「庫司庫司」，其實它是以杜蘭小麥粉製成的粗粒小麥粉，是摩洛哥、突尼西亞等國家的主食，西式料理常運用加入沙拉，或取代麵或飯，變化十分豐富。

爽口不膩

份量：**2** 人份

難易度：

料理時間：預計約 **10** 分鐘

營養成分表 （以一人計算）		總熱量 **386.9** kcal
醣類 41.9g	糖量	2.7 g
	膳食纖維	3.9 g
蛋白質 12.2g		
脂肪 19.4g	飽和脂肪	4.4 g
	鈉	1624.7 mg

	全穀雜糧	豆魚蛋肉	蔬菜	水果	乳品	油脂與堅果種子
	1.9 份	0	0.6 份	0.2 份	0.6 份 低脂	2.9 份

 材料

北非小米	80g	帕馬森起司	20g
蔬菜高湯	200ml	青醬	30g
紫洋蔥	40g	橄欖油	20g
小番茄	80g	綜合生菜	50g
小黃瓜	90g	堅果	15g

 做法

1 將蔬菜高湯加熱煮至 90 度。

2 倒入北非小米，燜 10 分鐘備用。

3 紫洋蔥切片後，泡水 10 分鐘去除辣味。

4 將燜好的北非小米混合紫洋蔥、小番茄、小黃瓜、起司、青醬和橄欖油。

5 撒堅果，並以生菜裝飾。

低卡高纖

無花果沙拉

台灣有愈來愈多的農民種植無花果,新鮮無花果滋味清甜,營養價值豐富,是低卡高纖的水果,很適合當成沙拉主角。搭配自製的義式香草油醋醬,再結合藍紋乳酪,風味迷人。

份量：**1** 人份

難易度：🥄🥄🥄🥄🥄

料理時間：預計約 **15** 分鐘

營養成分表 (以一人計算)	總熱量 330.8 kcal	
醣類	21.8 g	糖量	5.2 g
		膳食纖維	11 g
蛋白質	14.5 g		
脂肪	22.3 g	飽和脂肪	8.2 g
		鈉	690.5 mg

	全穀雜糧	豆魚蛋肉	蔬菜	水果	乳品	油脂與堅果種子
	0	0	0.7 份	0.2 份	0.7 份全脂	2.4 份

材料

新鮮無花果	30g	羅勒	20g
小番茄	20g	藍紋起司	30g
羅蔓生菜	60g	義式香草油醋醬	15g (P23)
芝麻葉	40g		
無鹽綜合堅果	10g		

做法

1　將小番茄洗淨後對切備用。

2　將羅蔓生菜和芝麻葉混合,加入小番茄及切小塊的無花果。

3　最後加上藍紋起司及油醋醬,撒上綜合堅果與羅勒即可。

藜麥優格花椰沙拉

藜麥是近年來相當熱門的健康食材,蛋白質甚至比牛肉還高,
但烹調時可大幅減少用油量,因此廣受歡迎。將藜麥和北非小
米搭配烤蔬菜,再淋上優格醬,風味清新,吃來格外舒爽。

份量:**4**人份

難易度:🍴🍴

料理時間:預計約**30**分鐘

健康新食尚

材料

藜麥	50g	杏仁片	20g
北非小米	30g	橄欖油	5g
綠花椰菜	60g	黑胡椒	3g
牛番茄	30g	迷迭香	8g
小番茄	80g	優格沙拉醬	50g（P30）
玉米筍	40g		
櫛瓜	90g		
紫洋蔥	40g		

做法

1　將藜麥、北非小米煮熟備用。

2　綠花椰菜入滾水汆燙 5 分鐘，取出備用。

3　牛番茄、小番茄、玉米筍加黑胡椒、橄欖油、迷迭香，放入烤箱以 200° C 烤約
　　15 分鐘取出。

4　烤好的食材切成小塊，加入切丁的櫛瓜、綠花椰菜、紫洋蔥丁、藜麥、北非小米
　　和優格沙拉醬，撒上杏仁片即可。

Tips　│　北非小米可在進口超市買到，不用洗滌便可直接烹煮使用。

營養成分表（以一人計算）		總熱量 170.7 kcal	
醣類	23 g	糖量	3.1 g
		膳食纖維	3.5 g
蛋白質	6.7 g		
脂肪	6.2 g	飽和脂肪	1.7 g
		鈉	27.8 mg

全穀雜糧	豆魚蛋肉	蔬菜	水果	乳品	油脂與堅果種子
1 份	0	0.5 份	0.1 份	0.2 杯全脂	0.7 份

芥末籽牛蒡沙拉

牛蒡富含水溶性膳食纖維，營養價值極高，擁有蔬菜之王美譽。
可使用刷子輕輕刷洗，或是以刀背略為刮除表面較硬的污處，
刨成絲後，不妨試試以氣炸鍋烹調，少油卻擁有酥脆的口感，
搭配水煮牛蒡絲，一次就能享受雙重口感。

份量：**1** 人份
難易度：🍴
料理時間：預計約 **30** 分鐘

口感雙享受

材料

牛蒡	80g
蔥花	3g
柴魚片	5g
海苔絲	5g
芥末籽沙拉醬	15g (P32)

做法

1　牛蒡刨絲，一半放入氣炸鍋烤酥，或放入烤箱以 180°C 烤約 15 分鐘。

2　另一半牛蒡絲放入滾水煮 5 分鐘。

3　兩種牛蒡絲盛盤，淋芥末籽沙拉醬，再撒蔥花、柴魚片、海苔絲裝飾。

Tips ｜ 牛蒡切絲後若未馬上烹調，可浸泡在水裡避免氧化並去除澀味。

營養成分表 (以一人計算)	總熱量 145.8 kcal		
醣類	18.4 g	糖量	1.4 g
		膳食纖維	5.7 g
蛋白質	8.8 g		
脂肪	5.1 g	飽和脂肪	1.1 g
		鈉	86.9 mg

全穀雜糧	豆魚蛋肉	蔬菜	水果	乳品	油脂與堅果種子
1 份	0.6 份 低脂	0.1 份	0	0	0.8 份

一吃上癮

南瓜山羊起司沙拉

南瓜是備受推薦的抗癌蔬果之一,味道清甜,很適合做成各種料理。將南瓜淋上橄欖油,撒些鹽調味,以烤箱烤軟後,再搭配乳脂豐富、風味細緻無羶的山羊起司,絕對讓你一吃上癮。

份量:**2** 人份

難易度:🍴🍴

料理時間:預計約 **130** 分鐘

材料

南瓜	150g	南瓜子	20g
橄欖油	6g	羅勒	20g
海鹽	5g	山羊起司	20g
黑胡椒	5g	蔓越莓	10g
生菜	100g		

醬料:

檸檬汁	20g	茴香粉	3g
法式芥末醬	8g	橄欖油	8g
蒜末	5g	黑胡椒	3g

裝飾:

煮熟藜麥	40g
堅果碎	20g

做法

1 南瓜切小塊,淋上橄欖油、海鹽、黑胡椒。

2 放入烤箱以 200 度°C 烤 25 分鐘。

3 將醬料攪拌均勻,放冰箱冷藏至少 2 小時。

4 將烤好的南瓜加其他食材攪拌均勻。

5 淋上醬料,以藜麥與堅果裝飾。

營養成分表 (以一人計算)	總熱量 380.1 kcal	
醣類 39.1 g	糖量	5.5 g
	膳食纖維	6.8 g
蛋白質 12.5 g		
脂肪 20.9 g	飽和脂肪	4.5 g
	鈉	1012.9 mg

全穀雜糧	豆魚蛋肉	蔬菜	水果	乳品	油脂與堅果種子
1.8 份	0	0.4 份	0.1 份	0.3 份 全脂	3.4 份

希臘菲達
起司沙拉

希臘式沙拉絕對少不了半軟質的菲達起司，質地猶如奶油一般，帶著鹽味，還擁有類似淡淡檸檬味的酸度。這款沙拉的醬汁調好後，建議放冰箱冷藏 1 小時以上，風味會更加融合！

鹹香開胃

份量：**2** 人份
難易度：
料理時間：預計約 **20** 分鐘

材料

牛番茄	150g	紫洋蔥	20g
小黃瓜	90g	紅甜椒	30g
小番茄	40g	黑橄欖	30g
玉米粒	20g	菲達起司	150g
生菜	50g	煮熟鷹嘴豆	10g

醬料：

初榨橄欖油	35g	奧勒岡香草	5g
檸檬汁	15g	蒔蘿	5g
蒜末	8g	海鹽	3g
紅酒醋	5g	黑胡椒	3g

營養成分表 (以一人計算)	總熱量 472.4 kcal	
醣類 18g	糖量	4.2 g
	膳食纖維	4.3 g
蛋白質 18.6g		
脂肪 36.5g	飽和脂肪	15 g
	鈉	1005.8 mg

全穀雜糧	豆魚蛋肉	蔬菜	水果	乳品	油脂與堅果種子
0.2 份	0	1.4 份	0.1 份	1.9 份 全脂	3.9 份

做法

1. 將牛番茄、小黃瓜、小番茄、玉米粒、生菜、紫洋蔥、紅甜椒、黑橄欖、起司切小塊，混合均勻。
2. 將橄欖油、檸檬汁、蒜末、海鹽、黑胡椒、紅酒醋、奧勒岡香草、蒔蘿放入攪拌機拌勻成醬料。將醬料放冰箱冷藏至少 1 小時。
3. 將醬料淋在食材上拌勻，最後撒鷹嘴豆裝飾。

雞肉酪梨沙拉

feature
腸道蠕動⁺

雞胸肉低脂健康，若想讓口感更佳，除了注意烹煮方法，也
可搭配酪梨增加滑潤感，只要加上檸檬汁和橄欖油調味，再
結合水煮蛋和起司，吃來就是高營養卻低負擔的美味料理。

份量：**2** 人份

難易度：

料理時間：預計約 **20** 分鐘

美味低負擔

材料

煮熟雞胸肉	120g	蒔蘿	20g
美國酪梨	150g	水煮蛋	2 顆
熟玉米	100g	莫扎瑞拉起司	20g
洋蔥	50g		

醬料：

檸檬汁	15g	黑胡椒	3g
初榨橄欖油	30g	洋蔥	50g
海鹽	3g		

做法

1 將煮熟的雞胸肉切丁。

2 再加入切丁的酪梨，並依序加入玉米、水煮蛋。

3 把醬料材料攪拌均勻，再澆在［做法 2］上拌勻。

4 最後加入洋蔥和蒔蘿即可上桌。

Tips ｜ 雞胸肉做法可參考 P102。

營養成分表 (以一人計算)	總熱量 471.7 kcal		
醣類 25.9g	糖量		5.7 g
	膳食纖維		10.6 g
蛋白質 26.8g			
脂肪 29.8g	飽和脂肪		7 g
	鈉		624.8 mg

全穀雜糧	豆魚蛋肉	蔬菜	水果	乳品	油脂與堅果種子
0.6 份	1.9+1.1 份 低脂 中脂	0.3 份	0	0.2 份 全脂	3.7 份

泰北雞肉沙拉

泰式風味的料理總是運用許多香草，美味關鍵就在於烹調時，得先將香茅、檸檬葉（kaffir lime leaves）等先搗碎，才能散發出迷人芳香氣味，輔以適當的魚露、檸檬汁等調味，就是充滿泰北風情的沙拉了。

份量：**2**人份
難易度：🍴🍴
料理時間：預計約 **20** 分鐘

酸香開胃

材料

熟雞胸肉絲	30g	青蔥末	8g
香茅	1 根約 15g	香菜末	8g
泰國檸檬葉	6 片約 10g	薄荷葉	5g
魚露	15g	檸檬角	1 片
檸檬汁	15g	番茄末	少許
辣椒片	15g	葡萄籽油	3g
蒜末	8g		

做法

1　將香茅拍扁，檸檬葉切末，放入石臼搗碎或以食物調理機攪拌均勻。

2　放雞胸肉、魚露、檸檬汁、蒜末、青蔥末、辣椒片拌勻。

3　再加入薄荷葉、香菜葉、番茄末及檸檬切成三角形狀的檸檬角裝飾。

營養成分表 (以一人計算)	總熱量 90.6 kcal		
醣類	7.6 g	糖量	1.3 g
		膳食纖維	3.4 g
蛋白質	10.3 g		
脂肪	2.5 g	飽和脂肪	0.4 g
		鈉	663.8 mg

全穀雜糧	豆魚蛋肉	蔬菜	水果	乳品	油脂與堅果種子
0	1 份 低脂	0.3 份	0	0	0.3 份

西洋芹雞肉沙拉棒

西洋芹口感爽脆,是西式沙拉常見的食材。若擔心纖維太粗,
可稍微削除外層,若再泡冰塊水冰鎮一下,口感會更爽脆。西
洋芹鋪上雞胸肉和醬汁,不僅美觀,吃起來也很方便。

份量:**2** 人份

難易度:

料理時間:預計約 **10** 分鐘

爽脆不沾手

材料

熟雞胸肉	60g	地中海茄子醬	30g (P19)
蒜末	8g	西洋芹	6 根約 130g
海鹽	5g	迷迭香	10g
黑胡椒	5g	巴西里末	3g
低醣美乃滋	30g (P16)		

1

2

做法

1 將煮熟的雞胸肉切小塊後，再剝成細絲。

2 將雞胸肉絲鋪在西洋芹上。

3 將美乃滋、蒜末、鹽、黑胡椒、茄子醬、迷迭
    香混勻，淋在雞胸肉上。

4 以巴西里裝飾即可。

Tips | 若不愛吃茄子醬，也可換成優格醬和其他醬汁。

3

4

營養 成分表 (以一人計算)		總熱量 100.4 kcal	
醣類	9g	糖量	1.5 g
		膳食纖維	4.6 g
蛋白質	8.6g		
脂肪	3.6 g	飽和脂肪	1.2 g
		鈉	654.4 mg

全穀 雜糧	豆魚 蛋肉	蔬菜	水果	乳品	油脂與 堅果種子
0	1份 低脂	0.5 份	0	0	0.4 份

牛小排尼斯沙拉

想吃得清爽又有飽足感，搭配牛排的沙拉是好選擇。煎牛排前，可先撒海鹽等醃漬，充分熱鍋後，再將牛排煎至喜歡的熟度，重點是起鍋後一定要靜置一下，切片時較不會流出肉汁，吃來更美味。健身重訓後，我常吃這一道補充蛋白質。

份量：**4** 人份

難易度：🥄🥄🥄🥄

料理時間：預計約 **30** 分鐘

飄香飽足

材料

牛小排	600g	北非煙燻粉	5g
綜合生菜	200g	黑胡椒	5g
小番茄	60g	海鹽	3g
帕馬森起司	適量	紅酒	100g
西班牙紅椒粉	10g	巴西里	30g
紅酒醋	15g	百里香	20g
橄欖油	20g		

做法

1 取一小鍋將紅酒、巴西里、百里香以中火煮至 80°C，直到紅酒醬料濃稠至一半。

2 加入海鹽與黑胡椒提味，放紅酒醋、橄欖油以打蛋器打勻。

3 牛小排撒海鹽、黑胡椒、北非煙燻粉，醃漬 10 分鐘。

4 牛排放入燒熱的平底鍋，雙面共煎 3 分鐘後，取出靜置一下再切片。

5 將生菜鋪盤底，放對切的小番茄，再放上牛小排。

6 最後淋上［做法 2］，撒起司、西班牙紅椒粉即可。

營養成分表 (以一人計算)	總熱量 575.6 kcal	
醣類 11.5g	糖量	0.7 g
	膳食纖維	1.5 g
蛋白質 27.2g		
脂肪 46.1g	飽和脂肪	20.8 g
	鈉	463.9 mg

全穀雜糧	豆魚蛋肉	蔬菜	水果	乳品	油脂與堅果種子
0	3.2 份 超高脂	0.2 份	0.1 份	0.1 份	0.3 份

主 菜
Main Course

牛肉
&
羊肉

Beef & Lamb

法式香煎牛菲力佐藍紋優格醬

想在家享用美味的牛排不是問題,除了挑選一塊好牛肉,記得
從冰箱冷藏室取出後,放在室溫回溫,鍋子要充分熱鍋再放入
牛排,煎好後也別急著切塊,先靜置一會兒,可讓肉汁回流、
分布更均勻,切開時就不會流出肉汁了。

份量:**2**人份

難易度:🍴🍴🍴

料理時間:預計約**50**分鐘

肉鮮味濃

材料

牛排	400g	蒜末	8g
海鹽	3g	新鮮迷迭香	10g
黑胡椒	3g	堅果末	20g
橄欖油	15g	藍紋優格醬	20g（P28）

做法

1　牛排淋橄欖油，撒上海鹽與黑胡椒，室溫靜置 15 分鐘以上。

2　熱鍋放橄欖油與蒜末炒香，再放迷迭香與牛排，雙面各煎 3 分鐘。

3　取出牛排，靜置約 20 分鐘。

4　最後淋上藍紋優格醬和堅果末即可。

Tips ｜ 搭配芥末籽沙拉醬 (P32) 也很對味。

營養成分表（以一人計算）	總熱量 567 kcal	
醣類 8 g	糖量	0.7 g
	膳食纖維	3.9 g
蛋白質 45.2 g		
脂肪 39.1 g	飽和脂肪	14.4 g
	鈉	736.8 mg

全穀雜糧	豆魚蛋肉	蔬菜	水果	乳品	油脂與堅果種子
0	5.9 份 中脂	0	0	5.9 份 全脂	3 份

墨西哥牛肉櫛瓜卷

櫛瓜帶著清甜滋味，刨成長薄片，用來包捲其他食材，能讓菜色變得更美觀。將櫛瓜片包捲香料牛絞肉，烤過後，吃來既有櫛瓜的蔬菜甜味，又散發肉鮮，是絕佳的宴客小食。

份量：**2**人份

難易度：🍴🍴🍴

料理時間：預計約 **40** 分鐘

風味佳造型美

 材料

橄欖油	12g	櫛瓜	100g
瘦牛絞肉	80g	起司絲	80g
洋蔥末	15g	海鹽	5g
蒜末	8g	黑胡椒	5g
西班牙紅椒粉	10g	酸奶	10g
低醣莎莎醬	100g（P20）		

做法

1　鍋內放入橄欖油，放蒜末與洋蔥末炒香。

2　放牛絞肉炒約 5 分鐘，加入西班牙紅椒粉炒一下，
　　以海鹽與黑胡椒調味成肉餡。

3　櫛瓜刨成薄長片。

4　將肉餡以櫛瓜片捲起，放入烤盤，淋莎莎醬、撒
　　起司絲。

5　烤箱預熱至 180°C，烤 15 分鐘後取出。

6　加酸奶作為裝飾即可。

Tips ｜　若不吃牛肉，也可換成雞絞肉和豬絞肉。

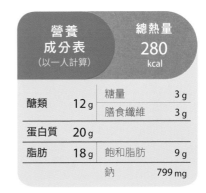

營養成分表 (以一人計算)	總熱量 280 kcal	
醣類 12g	糖量	3g
	膳食纖維	3g
蛋白質 20g		
脂肪 18g	飽和脂肪	9g
	鈉	799mg

全穀雜糧	豆魚蛋肉	蔬菜	水果	乳品	油脂與堅果種子
0	1.1 份 低脂	0.5 份	0	1.3 份 全脂	12 份

法式紅酒燉牛肉

紅酒燉牛肉是必學的經典法式料理,做法一點也不難,只要將
牛肉加上多種蔬菜和紅酒,長時間燉煮,或是以鑄鐵鍋裝盛放
入烤箱,就能輕鬆端出好菜,不管是搭配義大利麵(Spaghetti)、
白飯或麵包,風味絕佳。

份量:**6** 人份

難易度:🍴🍴🍴

料理時間:預計約 **90** 分鐘

超經典料理

材料

牛肋條	300g	西洋芹	80g
蒜末	20g	紅蘿蔔	120g
洋蔥	30g	迷迭香	15g
紅酒	250g	百里香	15g
雞高湯	250g	海鹽	20g
番茄糊	350g	黑胡椒	20g
月桂葉	3 片	橄欖油	15g
牛番茄	200g		

做法

1　取一鑄鐵鍋放入橄欖油，將蒜末炒至金黃色，放入牛肋條炒約 5 分鐘。

2　加西洋芹、紅蘿蔔、月桂葉、牛番茄、番茄糊、雞高湯燉煮。

3　再加紅酒及迷迭香、百里香、海鹽、黑胡椒煮滾後關火。

4　放入烤箱，以 180°C 烤 60 分鐘。

5　再燜 20 分鐘即可。

Tips ｜ 牛肋條不要切太小塊，約 3.5 公分大小，否則燉煮後會縮小。

營養成分表 (以一人計算)	總熱量 214 kcal		
醣類	14 g	糖量	4 g
		膳食纖維	3 g
蛋白質	12 g		
脂肪	12 g	飽和脂肪	5 g
		鈉	1091 mg

全穀雜糧	豆魚蛋肉	蔬菜	水果	乳品	油脂與堅果種子
0	1.3 份 中脂	0.7 份	0.1 份	0	0.6 份

高麗菜牛肉卷

高麗菜是價格平實又甘甜的蔬菜,可變化出相當豐富的料理。
將高麗菜葉取下,可稍微切除較厚的菜梗,以滾水燙軟後,不
管是包捲牛排或是牛絞肉,就能變出充滿時尚感的菜色。

份量:**4** 人份
難易度:❙❙❙
料理時間:預計約 **40** 分鐘

時尚味鮮美

材料

牛絞肉	200g	番茄糊	36g
蒜末	15g	小番茄	150g
洋蔥末	15g	西班牙紅椒粉	15g
海鹽	3g	牛高湯	50ml
黑胡椒	3g	高麗菜	40g
百里香	20g	橄欖油	15g
迷迭香	20g		

做法

1 以橄欖油爆香蒜末、洋蔥末。

2 放入牛絞肉，加百里香、迷迭香、海鹽與黑胡椒炒約 5 分鐘成肉餡。

3 高麗菜葉以滾水汆燙至變軟。

4 肉餡鋪在高麗菜葉上，捲起來，放入鑄鐵鍋。

5 加小番茄、番茄糊、牛高湯、西班牙紅椒粉、迷迭香、海鹽與黑胡椒。

6 放入烤箱，以 200° C 烤 15 分鐘即可。

Tips | 可將牛絞肉以牛菲力取代，牛菲力做法可參考法式香煎牛菲力 (P68)。

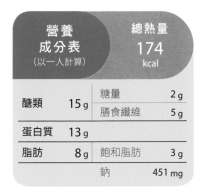

營養 成分表 (以一人計算)	總熱量 174 kcal		
醣類	15 g	糖量	2 g
		膳食纖維	5 g
蛋白質	13 g		
脂肪	8 g	飽和脂肪	3 g
		鈉	451 mg

全穀 雜糧	豆魚 蛋肉	蔬菜	水果	乳品	油脂與 堅果種子
0	1.4 份 低脂	0.2 份	0.2 份	0	0.8 份

松露牛肉蛋卷

充滿肉鮮的牛小排薄片，只要加上北非煙燻粉和西班牙紅椒粉調味，會帶著迷人的風味，搭配蛋皮捲起，佐以松露奶油醬，吃起來別具異國風情，很值得在家一試。

份量：**4** 人份
難易度：🥄🥄🥄🥄
料理時間：預計約 **50** 分鐘

迷人異國風味

材料

牛小排片	150g	香菜籽	10g
黑松露醬	24g	西班牙紅椒粉	5g
無鹽奶油	15g	迷迭香	15g
黑胡椒	5g	百里香	15g
海鹽	5g	雞蛋	5 顆
北非煙燻粉	5g	帕馬森起司	20g
大蒜粉	10g	橄欖油	8g

做法

1　牛小排片灑海鹽、黑胡椒、大蒜粉、香菜籽、
　　西班牙紅椒粉、北非煙燻粉、迷迭香和海鹽，
　　淋橄欖油至少醃半小時。

2　將松露醬與奶油混合均勻。

3　平底鍋加熱，將牛小排片煎至變色即可。

4　取另一平底鍋，將蛋煎成蛋皮。

5　蛋皮鋪牛小排、松露奶油，包起後撒帕馬森起
　　司、百里香。

Tips ｜　北非煙燻粉有獨特的香氣，屬道地的摩洛哥風味，一般超市較難找到，但可在網路購買。

營養成分表 (以一人計算)	總熱量 344 kcal		
醣類	13 g	糖量	2 g
		膳食纖維	4 g
蛋白質	19 g		
脂肪	25 g	飽和脂肪	11 g
		鈉	668 mg

全穀雜糧	豆魚蛋肉	蔬菜	水果	乳品	油脂與堅果種子
0	1.2+0.8 份 中脂 超高脂	0.1 份	0	0.1 份 全脂	1 份

牛肉起司球佐藍紋優格醬

當咬下肉丸子，爆出軟滑的起司，感覺多麼痛快呀！加了椰子粉和椰奶的牛絞肉，味道更香醇，品嘗時得小心，可別燙著了嘴，不妨沾點藍紋優格醬，吃起來更加解膩。

份量：**4** 人份
難易度：🥄🥄🥄
料理時間：預計約 **40** 分鐘

暴醬快感

材料

牛絞肉	300g	起司丁	10g
洋蔥末	30g	黑胡椒	5g
蒜末	30g	海鹽	5g
橄欖油	20g	西班牙紅椒粉	5g
雞蛋	1 顆	藍紋優格醬	20g（P28）
椰子粉	80g		
椰奶	50ml		

做法

1　將蒜末、洋蔥末以橄欖油炒成金黃色後關火。
2　加牛絞肉、蛋、鹽、黑胡椒、西班牙紅椒粉、椰子粉、椰奶拌勻。
3　牛絞肉搓成肉丸，包入起司丁。
4　放入烤箱以 180°C 烤 20 分鐘。
5　烤好後搭配藍紋優格醬即可上桌。

營養成分表（以一人計算）	總熱量 358 kcal	
醣類 13 g	糖量	2 g
	膳食纖維	4 g
蛋白質 20 g		
脂肪 27 g	飽和脂肪	18 g
	鈉	586 mg

全穀雜糧	豆魚蛋肉	蔬菜	水果	乳品	油脂與堅果種子
0	2.1+0.2 份 低脂 中脂	0.2 份	0	0.1 份 全脂	4.2 份

西班牙肉醬紅椒卷

義式肉醬是變化非常多又美味的醬料，但市售肉醬的糖分非常高，也無法確認肉的品質，在家自己動手做最安心。在台灣可以買到罐頭西班牙舌椒，帶著一股淡淡煙燻味，搭配肉醬內餡，十分可口。

份量：**6**人份

難易度：🥄🥄🥄🥄

料理時間：預計約**50**分鐘

煙燻味飄香

■ 材料

西班牙舌椒	400g		
帕馬森起司	8g		

義式肉醬：

牛絞肉	150g	黑胡椒	3g
豬絞肉	150g	蒜末	10g
橄欖油	25g	迷迭香	10g
洋蔥末	200g	鼠尾草	5g
百里香	10g	高湯	100g
月桂葉	2 片	番茄糊	300ml
紅酒	200ml	海鹽	5g
牛番茄丁	200g		

■ 做法

1　以橄欖油將洋蔥末與蒜末炒成金黃色。

2　放入牛絞肉與豬絞肉拌炒 3 分鐘。

3　加迷迭香、百里香、鼠尾草拌勻。

4　放入番茄糊、紅酒、高湯、牛番茄丁和月桂葉，
　　以小火燜煮 20 分鐘。

5　起鍋前加海鹽與黑胡椒調味即為肉醬。

6　將西班牙舌椒去籽備用。

7　將肉醬以湯匙填入西班牙舌椒內。

8　最後撒上帕馬森起司即可。

Tips　｜　西班牙舌椒可在進口超市裡買到。

營養 成分表 （以一人計算）		總熱量 220 kcal	
醣類	18g	糖量	4 g
		膳食纖維	3 g
蛋白質	13 g		
脂肪	11 g	飽和脂肪	3 g
		鈉	1106 mg

全穀 雜糧	豆魚 蛋肉	蔬菜	水果	乳品	油脂與 堅果種子
0	0.7+0.7 份 低脂 中脂	1.4 份	0.1 份	0.1 份 低脂	0.8 份

牛肉蘆筍卷

火鍋肉片是相當便利的食材，加熱時間不需太久，像是牛肉片只要包入蘆筍，花點巧思調製辣根、芥末籽醬，烤熟後，就是充滿歐式風情，適合當前菜和派對小點。

方便賣相佳

份量：**2**人份

難易度：🥄🥄

料理時間：預計約 **20** 分鐘

營養成分表 （以一人計算）		總熱量 **216** kcal	
醣類	3 g	糖量	0 g
		膳食纖維	1 g
蛋白質	13 g		
脂肪	19 g	飽和脂肪	6 g
		鈉	949 mg

全穀雜糧	豆魚蛋肉	蔬菜	水果	乳品	油脂與堅果種子
0	1.1 份 中脂	0.1 份	0	0	2.1 份

材料

火鍋牛肉片	80g
蘆筍	30g
海鹽	5g
黑胡椒	5g
辣根	5g
法式芥末籽醬	15g
低醣美乃滋	20g（P16）

 做法

1　將蘆筍以牛肉片包捲起來。

2　辣根加法式芥末籽醬、美乃滋拌勻，
　再加海鹽與黑胡椒調味。

3　將醬料刷在肉卷上。

4　放入烤箱，以 180°C 烤 7 分鐘即可。

法式紅酒燉羊膝

紅酒燉牛肉是法式料理經典菜色，若是不吃牛肉，不妨
改用羊膝取代。同樣的做法，但燉羊膝的溫度需要高一
些，燉煮時間也要拉長約半小時。只要燉足時間，羊膝
幾乎入口即化，可感受到充滿膠質的質地。

份量：**6** 人份

難易度：🥄🥄🥄

料理時間：預計約 **120** 分鐘

 材料

羊膝	300g	西洋芹	80g
蒜末	20g	紅蘿蔔	120g
紅酒	250g	迷迭香	15g
雞高湯	250g	百里香	15g
番茄糊	350g	海鹽	20g
月桂葉	3 片	黑胡椒	20g
牛番茄	200g	橄欖油	18g

營養成分表 (以一人計算)	總熱量 201 kcal	
醣類 13 g	糖量	4 g
	膳食纖維	3 g
蛋白質 11 g		
脂肪 11 g	飽和脂肪	4 g
	鈉	1079 mg

全穀雜糧	豆魚蛋肉	蔬菜	水果	乳品	油脂與堅果種子
0	13 份中脂	0.7 份	0.1 份	0	0.6 份

 做法

1　取一鑄鐵鍋放入橄欖油，將蒜末炒至金黃
　色，放入羊膝炒約 5 分鐘。

2　加西洋芹、紅蘿蔔、月桂葉、牛番茄、番茄
　糊、雞高湯燉煮。

3　再加紅酒及迷迭香、百里香、海鹽、黑胡椒
　煮滾後關火。

4　放入烤箱，以 200°C 烤 90 分鐘。

5　再燜 20 分鐘即可。

法式香料烤羊排佐青醬

肉質細嫩的小羔羊排，吃起來毫無羶味，是深受喜愛的西式料
理。烹調時，記得先將表面煎上色，抹上自製的香料奶油再烘
烤，搭配解膩的檸檬青醬，高檔餐館的菜色也能在家享用。

份量：**6**人份
難易度：**🥄🥄🥄**
料理時間：預計約 **60** 分鐘

細嫩無羶味

材料

小羔羊排	700g	海鹽	5g
無鹽奶油	30g	黑胡椒	5g
迷迭香	20g	橄欖油	12g
百里香	20g	蒜末	20g
橄欖油	5g	低醣檸檬青醬	適量（P22）

做法

1　取一平底鍋，以橄欖油爆香蒜末。

2　放入小羔羊排，表面煎上色，取出備用。

3　奶油放室溫軟化後，加迷迭香、百里香、海鹽、
　　黑胡椒攪拌均勻。

4　將小羔羊排表面抹香料奶油，放入烤箱以
　　180°C 烤 25 分鐘。

5　烤好後取出，靜置 20 分鐘再切片。

6　淋上低醣檸檬青醬即可享用。

營養成分表 （以一人計算）	總熱量 255 kcal		
醣類	5 g	糖量	0 g
		膳食纖維	2 g
蛋白質	16 g		
脂肪	18 g	飽和脂肪	9 g
		鈉	401 mg

全穀 雜糧	豆魚 蛋肉	蔬菜	水果	乳品	油脂與 堅果種子
0	2.1 份 中脂	0	0	0	1.3 份

主菜
Main Course

/

豬肉
Pork

波特菇鑲肉

個頭超大的波特菇,現在在超市都能買到,特色是肉厚味濃,相當適合做成西式料理。只要把絞肉加香料略炒,加番茄糊等煮成餡料,填入菇傘裡,再撒些起司烘烤,就是賣相十足的宴客好菜。

份量:**4** 人份

難易度:🥄🥄🥄

料理時間:預計約 **30** 分鐘

營養成分表 (以一人計算)		總熱量 **158** kcal
醣類	15 g	糖量 2 g
		膳食纖維 5 g
蛋白質	11 g	
脂肪	7 g	飽和脂肪 4 g
		鈉 414 mg

全穀雜糧	豆魚蛋肉	蔬菜	水果	乳品	油脂與堅果種子
0	0.3 份 中脂	0.8 份	0	0.4 份 全脂	0

材料

波特菇 5 朵約	250g	百里香	30g
鹽	5g	羅勒	30g
豬絞肉	50g	黑胡椒	3g
洋蔥	30g	起司絲	50g
蒜末	20g	番茄糊	35g
迷迭香	30g	牛番茄	40g

做法

1 以橄欖油爆香蒜末與洋蔥。

2 放入豬絞肉、迷迭香、百里香、羅勒拌炒。

3 加入牛番茄、番茄糊,以鹽、黑胡椒調味,燜煮 10 分鐘成餡料。

4 波特菇去除菇柄,填入餡料。

5 撒起司絲,放入烤箱以 180°C 烤 12 ~ 15 分鐘至起司融化。

義式番茄肉球

墨西哥牛肉櫛瓜卷也可換成豬肉口味，只要把牛絞肉、西班牙紅椒粉、洋蔥末換成豬絞肉、蛋和巴西里，就能變成義式風味，幾乎差不多的材料，風味變化卻充滿了驚喜。

 材料

豬絞肉	250g
帕馬森起司	30g
蛋	2 顆約 100g
巴西里	15g
蒜末	10g
海鹽	3g
黑胡椒	3g
橄欖油	15g
低醣莎莎醬	30g（P20）

份量：**4** 人份
難易度：🥄🥄🥄
料理時間：預計約 **50** 分鐘

做法

1 取一鋼盆，放入絞肉、蛋、帕馬森起司、巴西里、蒜末、海鹽與黑胡椒，一起攪拌成肉餡。

2 以手或湯匙將肉餡塑成小肉球。

3 放冰箱冷藏半小時。

4 以少許橄欖油將肉球煎成金黃色，再加莎莎醬拌勻。

5 上桌前刨帕馬森起司，以巴西里裝飾。

Tips | 豬絞肉可改用牛絞肉取代。

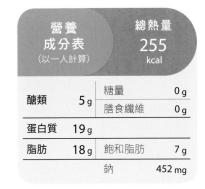

營養成分表（以一人計算）		總熱量 255 kcal	
醣類	5 g	糖量	0 g
		膳食纖維	0 g
蛋白質	19 g		
脂肪	18 g	飽和脂肪	7 g
		鈉	452 mg

全穀雜糧	豆魚蛋肉	蔬菜	水果	乳品	油脂與堅果種子
0	2.1 份 中脂	0.1 份	0	0.4 份 全脂	0.8 份

低醣螞蟻上樹

利用蒟蒻麵代替傳統粉絲或麵條,能吃得健康不升醣!蒟蒻麵
的熱量相當低,又有飽足感,搭配炒過的肉末、紅蘿蔔等,只
要淋上醬汁和高湯稍微燜煮,就能快速上菜。

份量:**4** 人份

難易度: 🥄🥄

料理時間:預計約 **20** 分鐘

材料

絞肉	100g
乾香菇	2 朵約 15g
紅蘿蔔	90g
蒟蒻麵	180g
蔥花	20g
蒜頭	15g
醬油	5g
味噌	5g
高湯	350g
水	少許

做法

1 紅蘿蔔切絲，蒜頭切末。

2 味噌加少許水拌勻。

3 絞肉加醬油醃約 10 分鐘。

4 乾香菇加水泡軟瀝乾切末，加紅蘿蔔、絞肉炒上色。

5 加高湯、味噌和蒟蒻麵拌炒均勻。

6 轉小火，蓋上鍋蓋燜煮約 5 分鐘，將湯汁收乾。

7 起鍋前加蔥花即可。

營養成分表 (以一人計算)		總熱量 106 kcal	
醣類	14 g	糖量	2 g
		膳食纖維	9 g
蛋白質	7 g		
脂肪	4 g	飽和脂肪	1 g
		鈉	175 mg

全穀雜糧	豆魚蛋肉	蔬菜	水果	乳品	油脂與堅果種子
0	0.1+0.7 份 低脂 中脂	0.4 份	0	0	0

和風薑汁豬肉燒

薑汁燒肉是日本國民家常菜色，過去在日本遊學時，寄宿家庭媽媽常煮這道菜。現在身為孩子們的專屬主廚，每次只要我煮這道菜時，小朋友至少都會吃兩碗飯，讓我感到特別滿足呢。

份量：**3** 人份

難易度：🍴🍴

料理時間：預計約 **20** 分鐘

日本國民美食

2

材料

火鍋肉片	250g
洋蔥絲	20g
白芝麻	5g
米酒	15g
味醂	20g
醬油	15g
薑泥	12g
蔥末	5g

做法

1　豬肉片加薑泥、米酒、味醂、醬油醃漬一下。

2　以橄欖油炒香洋蔥絲,放入肉片翻炒入味。

3　上桌前撒白芝麻、蔥末裝飾即可。

營養成分表 (以一人計算)		總熱量 198 kcal	
醣類	8 g	糖量	4 g
		膳食纖維	0 g
蛋白質	18 g		
脂肪	11 g	飽和脂肪	4 g
		鈉	305 mg

全穀雜糧	豆魚蛋肉	蔬菜	水果	乳品	油脂與堅果種子
0	2.4 份 中脂	0.1 份	0	0	0.2 份

低醣 BBQ 豬肋條

用真空低溫烹調的舒肥料理法（Sous vide）自己動手做 BBQ 豬肋條，不但可以控制調味料分量，吃起來又入味，更加低醣也健康。

份量：**6** 人份

難易度：🥄🥄🥄🥄

料理時間：舒肥法 **8** 小時 **30** 分鐘
　　　　　烤箱法 **3** 小時

餐廳大菜自己做

2

材料

豬肋排	800g
BBQ 醬	35g

醬料：

番茄丁	40g
伍斯特醬	12g
西班牙紅椒粉	8g
黑胡椒	3g
海鹽	3g
蒜頭	5g
赤藻糖醇	3g

做法

1　將醬料全部混合拌勻。

2　豬肋排先灑鹽，再鋪上醬料。

3　裝入耐熱密封袋，使用舒肥機或慢煮棒以 65°C 低溫烹調約 8 小時。或是放入烤箱以 150°C 烤 2.5 小時。

4　再將煮熟的豬肋排刷上 BBQ 醬，放入烤箱或氣炸鍋，以 210°C 烤 10 分鐘。

Tips ｜　可搭配蔬菜或沙拉品嚐。

營養成分表 (以一人計算)		總熱量 286 kcal	
醣類	4 g	糖量	1 g
		膳食纖維	1 g
蛋白質	19 g		
脂肪	21 g	飽和脂肪	9 g
		鈉	373 mg

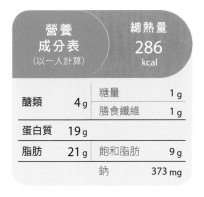

全穀雜糧	豆魚蛋肉	蔬菜	水果	乳品	油脂與堅果種子
0	2.7 份 高脂	0.1 份	0	0	0

北非煙燻香辣豬肉排

想讓里肌肉變得更好吃，關鍵就在於敲打斷筋。豬排醃漬後，以肉鎚敲一敲，能讓肉質更加鬆軟，捨棄傳統油煎或油炸方式，以氣炸鍋或烤箱烘烤，吃起來會更加清爽無負擔。

份量：**4**人份

難易度：🍴🍴

料理時間：預計約 **30** 分鐘

少油更健康

材料

豬里肌肉排	450g
橄欖油	35g
海鹽	5g
黑胡椒	3g
蒜末	12g
百里香	14g
北非煙燻粉	15g
辣椒粉	10g

做法

1　將豬里肌肉排撒上橄欖油、北非煙燻粉、海鹽、蒜末、黑胡椒、百里香與辣椒粉。

2　里肌肉以錘子敲打斷筋。

3　放入氣炸鍋，以 190°C 烤 15 分鐘。或放入平底鍋，加少許橄欖油以小火煎熟。

Tips

1. 若無氣炸鍋，亦可改用烤箱烹調，以 180℃ 烤 20 ～ 25 分鐘即可。
2. 品嘗時可搭配烤蔬菜。

營養成分表 (以一人計算)		總熱量 358 kcal	
醣類	8 g	糖量	0 g
		膳食纖維	2 g
蛋白質	23 g		
脂肪	26 g	飽和脂肪	8 g
		鈉	305 mg

全穀雜糧	豆魚蛋肉	蔬菜	水果	乳品	油脂與堅果種子
0	3.1 份 中脂	0	0	0	1.8 份

義式豬肉蔬菜卷

包捲是能讓菜色變得更美觀的料理小技巧,將肉片包捲蔬菜後,
加上些許香料橄欖油,放入烤箱烤熟,再刨上些許起司,不只
看起來澎湃大器,味道也相當吸引人,是輕易就能上手的好菜。

份量:**2**人份

難易度:🥄🥄🥄

料理時間:預計約 **40** 分鐘

簡易好上手

材料

萵苣	3 大片約 30g
豬肉片	100g
番茄丁	50g
海鹽	5g
黑胡椒	5g
帕馬森起司	5g
香料橄欖油	12g

做法

1　豬肉片加黑胡椒、海鹽醃漬約 10 分鐘。
2　將豬肉片攤平，鋪上萵苣、番茄丁捲起來。
3　放入烤箱前，在表面刷上香料橄欖油。
4　以 180°C 烤 15 分鐘即可。
5　上菜前，可刨少許帕馬森起司。

營養成分表 (以一人計算)		總熱量 223 kcal	
醣類	4 g	糖量	1 g
		膳食纖維	2 g
蛋白質	12 g		
脂肪	18 g	飽和脂肪	6 g
		鈉	592 mg

全穀雜糧	豆魚蛋肉	蔬菜	水果	乳品	油脂與堅果種子
0	0.2+1.3 份 低脂 中脂	0.3 份	0	0.1 份 低脂	1.2 份

主菜
Main Course

雞肉
Chicken

香料舒肥雞胸肉

雞胸肉低脂無油,是很健康的食材,可運用低溫烹調的舒肥料理法來處理,先將表面煎上色,蓋上鍋蓋,利用餘溫燜 20 分鐘,就能讓肉質自然熟透,吃來格外柔嫩。

份量:**2** 人份

難易度:🍴🍴

料理時間:預計約 **50** 分鐘

柔嫩不柴

材料

雞胸肉	150g
海鹽	3g
黑胡椒	3g
橄欖油	12g
北非煙燻粉	15g

2

做法

1 將雞胸肉加海鹽、黑胡椒及北非煙燻粉抹勻，靜置 20 分鐘。

2 以橄欖油將雞胸肉雙面煎上色後關火。

3 蓋上鍋蓋，利用鍋子餘溫燜 20 分鐘。

4 燜好後即可切片，搭配喜愛的醬汁品嘗。

Tips ｜ 也可使用鋁箔紙包起來保溫，效果更佳。

營養成分表（以一人計算） 總熱量 165 kcal

醣類	6g	糖量	0g
		膳食纖維	2g
蛋白質	18g		
脂肪	7g	飽和脂肪	2g
		鈉	382mg

全穀雜糧	豆魚蛋肉	蔬菜	水果	乳品	油脂與堅果種子
0	2.4份低脂	0	0	0	1.2份

雞肉豆腐排

做肉丸子，想讓質地更嫩，吃來飽含水分，還可以添加豆腐。加了豆腐的肉丸子，若是油煎或油炸，會攝取過多油脂，氣炸鍋是最棒的烹調工具，能讓表面酥香，又大幅降低油分。

份量： **4** 人份

難易度：🥄🥄🥄

料理時間：預計約 **30** 分鐘

外酥香內細嫩

材料

雞胸肉	200g
雞蛋	1 顆
板豆腐	100g
蒜末	15g
海鹽	5g
黑胡椒	8g
椰子粉	10g

做法

1　將所有材料以食物調理機打均勻，約 5 分鐘。

2　將肉餡捏成小球，放冰箱冷藏 10 分鐘定形。

3　放入氣炸鍋，以 190°C 炸 8 分鐘。

4　上桌前淋上喜愛的醬料即可。

Tips ｜ 若沒有氣炸鍋，也可以用平底不沾鍋煎熟。

營養成分表 （以一人計算）	總熱量 117 kcal	
醣類 4 g	糖量	0 g
	膳食纖維	1 g
蛋白質 16 g		
脂肪 4 g	飽和脂肪	2 g
	鈉	476 mg

全穀雜糧	豆魚蛋肉	蔬菜	水果	乳品	油脂與堅果種子
0	1.6+0.5 份 低脂 中脂	0	0	0	0.3 份

泰式椒麻雞

泰式椒麻雞是南洋餐館裡很受歡迎的菜色，但多半採油炸方式，在家利用氣炸鍋烹調，口感更不油膩。雞腿肉先輕劃幾刀再醃漬，可幫助入味；而醬料以赤藻糖醇取代砂糖，吃來也更健康。

酸辣開胃

份量：**4** 人份

難易度：▼▼▼▼

料理時間：預計約 **50** 分鐘

營養成分表（以一人計算）	總熱量 275 kcal

醣類	7 g	糖量	1 g
		膳食纖維	2 g
蛋白質	25 g		
脂肪	16 g	飽和脂肪	4 g
		鈉	753 mg

全穀雜糧	豆魚蛋肉	蔬菜	水果	乳品	油脂與堅果種子
0	3.3 份 低脂	0.2 份	0.1 份	0	1 份

材料

去骨雞腿　2 隻約 500g
高麗菜　50g

醃料：
醬油　8g
米酒　5g
白胡椒　5g
海鹽　5g
花椒粉　7g

醬料：
魚露　30g
檸檬汁　70ml
醬油　5g
羅望子醬　3g
花椒粉　3g
赤藻糖醇　3g
辣油　20g
蒜末　20g
辣椒末　10g
香菜末　15g

做法

1 雞腿肉攤開，以刀交叉輕劃但不切斷。
2 加醃料抓勻，放冰箱冷藏 30 分鐘。
3 將雞腿肉放入氣炸鍋，以 190°C 炸約 10 分鐘，或以烤箱 180°C 烤 15 分鐘。
4 高麗菜切絲泡冰水，瀝乾後鋪在盤底。
5 烤熟的雞肉鋪在高麗菜上，淋拌勻的醬料。

新疆風味孜然烤雞腿

泰式椒麻雞吃來酸辣夠味，若是不吃辣，不妨試試孜然烤雞腿。雞腿肉去骨攤開後，可用刀背輕敲一下，雞皮面則以牙籤略戳，可醃漬得更夠味。若時間充足，醃一個晚上，會更加入味喲。

 材料

去骨雞腿	2 隻約 500g
醬油	20g
米酒	15g
蒜泥	10g
孜然粉	15g
海鹽	4g
黑胡椒	5g

份量：**4** 人份
難易度：🥄🥄🥄
料理時間：預計約 **50** 分鐘

做法

1　以刀背輕輕敲打雞肉，利用牙籤輕戳雞皮。

2　加醬油、米酒、蒜泥、孜然粉、海鹽和黑胡椒，醃漬 30 分鐘以上。

3　放入氣炸鍋，以 180°C 炸 10 ～ 12 分鐘，或以烤箱 180°C 烤 15 ～ 18 分鐘。

Tips ｜　雞肉若是能在前一晚醃漬，風味會更佳。

營養成分表 (以一人計算)	總熱量 **214** kcal	
醣類　3 g	糖量	0 g
	膳食纖維	0 g
蛋白質　24 g		
脂肪　11 g	飽和脂肪	3 g
	鈉	743 mg

全穀雜糧	豆魚蛋肉	蔬菜	水果	乳品	油脂與堅果種子
0	3.3 份 低脂	0.1 份	0	0	0

泰式風味烤雞腿

泰式椒麻雞會以花椒醃漬，若不習慣花椒味，只要換些香料，就能變化出馨香味十足的泰式烤雞腿。
關鍵的香料是香茅、羅望子和檸檬葉，醃漬前先搗碎，能充分釋放香氣，醃漬過的雞肉也會更香。

材料

雞腿肉	1 片約 300g
高麗菜	30g
鹽	3g
黑胡椒	3g

份量：**2** 人份
難易度：🥄🥄🥄
料理時間：預計約 **40** 分鐘

泰式醬料：

魚露	24g	檸檬葉	2 片約 6g
醬油	12g	香茅	1 根約 15g
蒜末	8g	白胡椒粉	3g
羅望子醬	5g	小辣椒	1 根約 5g
		辣椒油	15g

做法

1 高麗菜切絲，洗淨後瀝乾水分，放冰箱冷藏備用。

2 將泰式醬汁放入石臼或食物調理機搗碎，攪拌均勻。

3 雞肉輕輕斜切斷筋，可幫助入味。

4 雞肉表面撒鹽和黑胡椒，靜置約 10 分鐘。

5 放入氣炸鍋，以 180°C 烤 12 分鐘。或以烤箱 180°C
   烤 15 分鐘。

6 烤好的雞腿肉鋪在高麗菜絲上，淋醬汁即可。

Tips | 羅望子醬，又叫酸子醬，在超市均可以買到。
其實泰國菜的酸不全然是檸檬的酸而已，有
時候，檸檬汁與羅望子都得一起來才夠味。

營養成分表 (以一人計算)		總熱量 325 kcal	
醣類	6 g	糖量	0 g
		膳食纖維	2 g
蛋白質	30 g		
脂肪	19 g	飽和脂肪	5 g
		鈉	975 mg

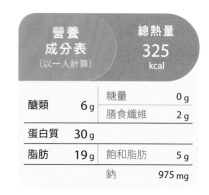

全穀雜糧	豆魚蛋肉	蔬菜	水果	乳品	油脂與堅果種子
0	4.1 份 低脂	0.2 份	0	0	1.5 份

酥烤橙汁雞翅

烤雞翅是最棒的下酒小食和派對點心,使用氣炸鍋同樣可以達到表面酥脆的口感,再搭配橙汁風味的醬汁,甘甜微酸,充滿了果香,能讓雞翅吃起來更涮嘴,而且絲毫不感到油膩。

吮指回味

份量：**2** 人份

難易度： 🥄🥄🥄🥄🥄

料理時間：預計約 **40** 分鐘

營養成分表 (以一人計算)	總熱量 **438.4** kcal		
醣類	16.8 g	糖量	7.8 g
		膳食纖維	1.5 g
蛋白質	28.9 g		
脂肪	27.9 g	飽和脂肪	7.5 g
		鈉	375.8 mg

全穀雜糧	豆魚蛋肉	蔬菜	水果	乳品	油脂與堅果種子
0	3.9 份 中脂	0.3 份	0.2 份	0	0.5 份

材料

雞翅	6 支約 500g
香吉士	4 顆
蒜末	30g
薑末	20g
米酒	10g
橄欖油	12g
醬油	20g
赤藻糖醇	15g
蔥末	5g

做法

1. 雞翅加米酒、醬油和 1 顆香吉士汁醃漬 15 分鐘。
2. 剩下 2 顆香吉士榨成汁,另一顆切果肉備用。
3. 將雞翅放入氣炸鍋或烤箱,180°C 烤 8 分鐘至上色。
4. 以橄欖油爆香蒜末、薑末,放入香吉士汁、赤藻糖醇煮 5 分鐘。
5. 放入烤好的雞翅和香吉士果肉拌勻,撒蔥末即可。

1

椰香氣炸雞肉條

椰絲帶著獨特的芳香，不論做成甜食或鹹食，都能展現它的香味。以椰子粉將雞柳條裹起，利用氣炸鍋烹調，一掀開鍋蓋，香氣立刻湧出，哪管燙不燙舌，你都會忍不住想要大快朵頤。

份量：**4** 人份

難易度：🥄🥄🥄

料理時間：預計約 **20** 分鐘

香氣滿滿

▬ 材料

雞柳條	150g
椰子粉	40g
海鹽	3g
黑胡椒	3g
蛋	2 顆
無糖椰絲	50g
巴西里	8g
檸檬青醬	15g （P22）
椰子油	20g

▬ 做法

1 　將雞蛋打勻成蛋汁。

2 　椰子粉加胡椒、海鹽拌勻。

3 　雞柳條依序沾椰子粉、蛋汁，外表再裹椰子絲。

4 　將椰子油倒入氣炸鍋內鍋，放入雞柳條，以 190°C 炸 7 ～ 9 分鐘，
　　或以烤箱 180°C 烤 12 ～ 15 分鐘。

5 　以巴西里裝飾，沾檸檬青醬品嘗。

Tips ｜ **醬汁可換成藍紋優格醬** (P28)。

營養成分表 （以一人計算）		總熱量 218 kcal
醣類 8 g	糖量	1 g
	膳食纖維	3 g
蛋白質 14 g		
脂肪 16 g	飽和脂肪	13 g
	鈉	370 mg

全穀雜糧	豆魚蛋肉	蔬菜	水果	乳品	油脂與堅果種子
0	1.3+0.5 份 低脂 中脂	0	0	0	2.6 份

雞肉三明治佐希臘優格醬

稍微煎過再燜熟的雞胸肉,口感柔嫩多汁,剖開後再夾入蒜香炒菠菜和希臘優格醬。以低脂高蛋白質的雞胸肉取代麵包,不含澱粉質,是最適合增肌減脂肪的料理。

份量:**2**人份
難易度:🥄🥄🥄
料理時間:預計約**60**分鐘

增肌減脂

材料

雞胸肉	150g
海鹽	3g
黑胡椒	3g
橄欖油	16g
北非煙燻粉	15g
蒜末	10g
菠菜	80g
自製希臘優格	30g（P29）
松子	3g

做法

1　將雞胸肉撒海鹽、黑胡椒、北非煙燻粉抹勻，靜置 20 分鐘。

2　以一半橄欖油將雞胸肉表面煎上色，關火。

3　蓋上鍋蓋，利用鍋子餘溫燜 20 分鐘。

4　將燜好的雞肉剖半備用。

5　以剩下的橄欖油爆香蒜末，放入菠菜拌炒約 3 分鐘。

6　將菠菜夾入雞胸肉，淋上希臘優格，撒松子。

Tips　|　可依喜好將菠菜更換成花椰菜等。

營養 成分表 （以一人計算）	總熱量 198.5 kcal	
醣類　10.1 g	糖量	1.4 g
	膳食纖維	3.1 g
蛋白質　20.3 g		
脂肪　8.5 g	飽和脂肪	2.3 g
	鈉	588.4 mg

全穀 雜糧	豆魚 蛋肉	蔬菜	水果	乳品	油脂與 堅果種子
0	24 份 低脂	02 份	0	0	12 份

鳳梨香料雞肉卷

我很喜歡以水果入菜，尤其買到酸酸的鳳梨。其實鳳梨含有的
酵素可讓肉質變得更加軟嫩多汁，捲入雞腿裡烘烤，不僅盛盤
美觀，酸中帶甜的果香讓雞肉吃來更不膩。

份量：**2** 人份
難易度：🥄🥄🥄🥄
料理時間：預計約 **60** 分鐘

軟嫩多汁

材料

鳳梨	30g
百香果	20g
去骨雞腿肉	200g
百里香	15g
迷迭香	10g
海鹽	3g
黑胡椒	3g
北非煙燻粉	5g
棉線	1 條

做法

1 將雞肉劃刀,以錘子輕輕敲打,壓平。

2 雞腿肉撒海鹽、黑胡椒、北非煙燻粉醃漬約 10 分鐘。

3 將切小塊的鳳梨鋪在雞腿肉上,再放迷迭香、百里香。

4 將雞腿捲起來,以棉線綁緊固定形狀。

5 放入烤箱,以 200°C 烤 25 ～ 30 分鐘。

6 放涼後,切片盛盤。

7 品嘗前淋百香果汁即可。

營養成分表 (以一人計算)		總熱量 234 kcal	
醣類	14 g	糖量	3 g
		膳食纖維	4 g
蛋白質	20 g		
脂肪	22 g	飽和脂肪	4 g
		鈉	636 mg

全穀雜糧	豆魚蛋肉	蔬菜	水果	乳品	油脂與堅果種子
0	2.6 份 低脂	0	0.2 份	0	0

主菜
Main Course

/

海鮮
Seafood

百香果香料蝦

我喜歡利用當季水果入菜，因為滋味最香甜，價格也實惠。像是百香果就很適合搭配海鮮跟羅勒，而且利用百香果的殼當成容器，清爽酸甜的滋味，是絕佳的開胃小品。

份量：**4** 人份

難易度：🥄🥄🥄

料理時間：預計約 **20** 分鐘

開胃造型美

明蝦	300g
檸檬汁	15g
羅勒	50g
百香果汁	40g
鹽	2g
橄欖油	12g
香菜	50g
紅酸模	5g

1　將百香果汁、檸檬汁混合均勻。

2　加鹽、香菜、切碎的羅勒混合均勻。

3　以橄欖油將明蝦煎約 5 分鐘至熟透。

4　加上［做法 2］攪拌均勻，以紅酸模裝飾。

Tips　│　1. 鮮蝦可換成花枝、透抽等海鮮。
　　　│　2. 紅酸模為一種生菜，可到進口超市或
　　　│　　 大賣場買到。

營養成分表 (以一人計算)	總熱量 **151** kcal	
醣類　8 g	糖量	0 g
	膳食纖維	5 g
蛋白質　20 g		
脂肪　5 g	飽和脂肪	1 g
	鈉	359 mg

全穀雜糧	豆魚蛋肉	蔬菜	水果	乳品	油脂與堅果種子
0	2.3 份 低脂	0.1 份	0.1 份	0	0.6 份

西班牙風味蒜炒明蝦

來點西班牙風味的炒蝦吧！爆香蒜頭，加上白酒燒煮，就能做出氣味噴香，讓人吃了愛不釋口的炒蝦。雖然價格略高，但明蝦的口感最棒，有機會不妨試試看這道下酒好菜。

份量：**3** 人份
難易度：🥄🥄🥄
料理時間：預計約 **30** 分鐘

香氣濃郁

材料

白酒	50g
蒜末	6g
明蝦	500g
西班牙甜紅椒粉	3g
西班牙辣紅椒粉	3g
煮熟綠花椰菜	30g
檸檬	15g
海鹽	3g

做法

1 將甜紅椒粉與辣紅椒粉攪拌均勻。

2 爆香蒜末,放明蝦拌炒約 3 分鐘,翻面,加白酒拌炒。

3 湯汁炒至稍微收乾後,加入海鹽、紅椒粉調味。

4 搭配煮熟綠花椰菜,擠檸檬汁品嘗。

Tips | 西班牙紅椒粉在一般超市均可買到,但建議去進口超市購買,風味比較偏正宗西班牙口味。而西班牙紅椒粉有分辣味及甜味,因為孩子關係,在本書裡的食譜,我大部分以甜味為主。辣味較辣,若重口味的人可以嘗試。

營養成分表 (以一人計算)	總熱量 90 kcal	
醣類 5 g	糖量	1 g
	膳食纖維	1 g
蛋白質 14 g		
脂肪 0 g	飽和脂肪	0 g
	鈉	872 mg

全穀雜糧	豆魚蛋肉	蔬菜	水果	乳品	油脂與堅果種子
0	2 份 低脂	0.1 份	0	0	0

蒔蘿香煎白蝦干貝

工作了一天是不是感覺很累呢？回到家想要犒賞自己，不妨做
一些美味的下酒菜，白蝦結合干貝這種組合或許可以滿足你！
充分爆香，加上白酒燒煮，就能引出海鮮的甘甜鮮美。

份量：**2** 人份

難易度：🥄🥄🥄

料理時間：預計約 **30** 分鐘

鮮味溢滿

材料

干貝	80g
白蝦	80g
白蝦殼	40g
蒔蘿	50g
檸檬汁	20g
奶油	15g
白酒	20g
橄欖油	10g
蒜末	15g
黑胡椒	5g
海鹽	5g

做法

1 以橄欖油將蝦殼、蝦頭炒香,做成蝦油。
2 取出蝦殼與蝦頭,放入蒜末爆香。
3 再放入蝦仁與干貝,煎約 5 分鐘。
4 加入蒔蘿、檸檬汁、奶油、黑胡椒與海鹽,
　拌炒 2 分鐘。
5 最後加白酒燜煮 3 分鐘即可。

營養 成分表 (以一人計算)		總熱量 197 kcal	
醣類	8 g	糖量	0 g
		膳食纖維	2 g
蛋白質	15 g		
脂肪	12 g	飽和脂肪	5 g
		鈉	985 mg

全穀 雜糧	豆魚 蛋肉	蔬菜	水果	乳品	油脂與 堅果種子
0	1.9 份 低脂	0.3 份	0	0	2.2 份

法式奶油烤扇貝

扇貝的肉質非常鮮甜，而且營養價值相當高，蛋白質甚至是雞肉、牛肉的 3 倍！重要的是這道料理不需花費太多時間，只需將所有調味料拌勻，淋在扇貝上烘烤，就是非常精緻的菜色。

份量：**3**人份
難易度：🥄🥄🥄
料理時間：預計約 **30** 分鐘

精緻端上桌

3

 材料

扇貝	6 個 約 500g
巴西里	15g
檸檬皮末	8g

調味料：

蒜末	15g
帕馬森起司	30g
椰子粉	50g
奶油	20g
橄欖油	20g
白酒	10g
百里香	15g
海鹽	5g
黑胡椒	5g

做法

1 將扇貝洗淨備用。

2 將所有調味料混合均勻。

3 將調味料鋪在扇貝上面。

4 放入氣炸鍋，以 200°C 烤 8 ～ 10 分鐘。
  或放入烤箱以 185°C 烤 12 ～ 15 分鐘即可。

5 取出扇貝，撒上巴西里、檸檬皮末。

營養成分表 (以一人計算)		總熱量 380 kcal	
醣類	16 g	糖量	1 g
		膳食纖維	3 g
蛋白質	22 g		
脂肪	27 g	飽和脂肪	17 g
		鈉	964 mg

全穀雜糧	豆魚蛋肉	蔬菜	水果	乳品	油脂與堅果種子
0	2 份 低脂	0.1 份	0	1.6 份 低脂	4.4 份

香辣蒜味淡菜

淡菜是非常適合下酒的菜色，烹調後，結合奶油、白酒的香氣，再加上適當的辣度，讓原本就鮮味十足的淡菜吃來更夠味。一邊喝白酒，一邊吃淡菜，感覺好愜意。

份量：**8**人份
難易度：🍴🍴🍴
料理時間：預計約 **30** 分鐘

鮮香好開胃

材料

淡菜	1kg
奶油	30g
白酒	175ml
海鮮高湯	200ml
洋蔥末	30g
蒜末	5g
迷迭香	10g
辣椒	5g
巴西里	15g
蒔蘿	5g
水	適量

做法

1　淡菜洗乾淨，泡鹽水 10 分鐘後瀝乾。

2　以奶油將蒜末炒香，加巴西里、白酒、洋蔥末拌炒。

3　放入淡菜，加海鮮高湯、水和迷迭香、辣椒炒一下。

4　蓋上鍋蓋燜煮 5 分鐘。

5　以檸檬、巴西里、辣椒和蒔蘿裝飾。

營養成分表 (以一人計算)		總熱量 221 kcal	
醣類	20 g	糖量	0 g
		膳食纖維	1 g
蛋白質	28 g		
脂肪	9 g	飽和脂肪	5 g
		鈉	849 mg

全穀雜糧	豆魚蛋肉	蔬菜	水果	乳品	油脂與堅果種子
0	3.9 份 低脂	0.1 份	0	0	0.6 份

白酒奶油蛤蜊

白酒是海鮮的好搭擋，烹調時加上一些，就能引出鮮味，並有去腥之效。蛤蜊搭配白酒是經典不敗組合，尤其是起鍋前，再拌入一塊奶油，能讓味道更融合，也多了迷人奶香。

份量：**2** 人份
難易度：🍴🍴🍴
料理時間：預計約 **40** 分鐘

愛不釋口

材料

蒜末	8g
蛤蜊	150g
辣椒片	15g
白酒	50ml
九層塔	30g
海鹽	10g
橄欖油	10g
無鹽奶油	5g
水	適量
檸檬片	少許
羅勒	少許
辣椒片	少許

做法

1　蛤蜊以加鹽的水浸泡吐沙約半小時。
2　使用酒滴鍋，以橄欖油將蒜末炒香。
3　放入蛤蜊、辣椒片、九層塔炒約 5 分鐘。
4　蓋上鍋蓋，白酒倒在酒滴鍋蓋頭，煮至酒精揮發。
5　蛤蜊殼都打開後，加無鹽奶油拌炒 1 分鐘。
6　以檸檬片、羅勒及辣椒片裝飾。

Tips | 若無酒滴鍋，可在炒蛤蜊時直接將酒倒入鍋
裡略炒，再蓋上鍋蓋燜煮一下。

營養成分表 (以一人計算)		總熱量 97 kcal	
醣類	6 g	糖量	0 g
		膳食纖維	2 g
蛋白質	4 g		
脂肪	6 g	飽和脂肪	2 g
		鈉	869 mg

全穀雜糧	豆魚蛋肉	蔬菜	水果	乳品	油脂與堅果種子
0	0.4 份 低脂	0.3 份	0	0	1.2 份

透抽糙米藜麥卷

賣到新鮮的透抽總是讓人興奮不已,想來點變化,可試試填入餡料烘烤。糙米、藜麥、白花椰菜末,健康清爽的餡料結合海鮮清甜和優格醬汁的清爽,更是相得益彰,美味又無負擔。

份量:**2**人份
難易度:🥄🥄🥄🥄🥄
料理時間:預計約**40**分鐘

清新爽口

材料

透抽	1 隻約 90g
糙米飯	40g
藜麥	30g
白花椰菜碎	20g
百里香	8g
檸檬汁	20g
海鹽	3g
自製希臘優格	15g （P29）
裝飾香草	少許

做法

1 藜麥煮熟，加糙米飯混合均勻。白花椰菜切成米粒大小。

2 透抽洗淨，塞入藜麥糙米飯，加點檸檬與優格。

3 再塞入白花椰菜碎和自製希臘優格，以牙籤封口。

4 透抽放在烤盤上，撒海鹽、檸檬汁、百里香，放入烤箱以 180° C 烤 15 分鐘。

5 取出透抽切小段，以香草裝飾。

營養成分表 (以一人計算)	總熱量 188 kcal

醣類	31 g	糖量	1 g
		膳食纖維	2 g
蛋白質	11 g		
脂肪	2 g	飽和脂肪	1 g
		鈉	640 mg

全穀雜糧	豆魚蛋肉	蔬菜	水果	乳品	油脂與堅果種子
1.7 份	0.1 份 低脂	0.1 份	0	0.1 份 低脂	0

檸檬奶香鮭魚排

吃魚會變聰明，所以我也跟小朋友説：「吃魚可以頭好壯壯喔！」
鮭魚富含 EPA & DHA，可以活化腦細胞，且富含的維生素 B 群
可消除疲勞、美容養顏、增強免疫力！

份量：**4** 人份

難易度：🍴🍴🍴

料理時間：預計約 **30** 分鐘

吃了變聰明

材料

鮭魚排	4 塊約 200g
海鹽	10g
黑胡椒	10g
蒜末	15g
高湯	50g
檸檬汁	20g
無鹽奶油	20g
巴西里	15g
檸檬片	8g

做法

1　鮭魚排抹海鹽、黑胡椒，放室溫靜置 10 分鐘。

2　奶油回溫至室溫，加蒜末、巴西里、檸檬汁和高湯混合均勻，
　　以小火煮至濃稠狀成檸香奶油醬，關火備用。

3　將鮭魚排入鍋，以中小火煎約 8 ～ 10 分鐘，取出盛盤。

4　淋上檸香奶油醬，以巴西里和檸檬片裝飾。

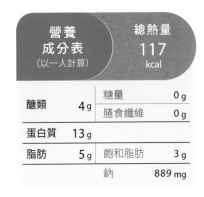

營養成分表 (以一人計算)	總熱量 117 kcal	
醣類 4 g	糖量	0 g
	膳食纖維	0 g
蛋白質 13 g		
脂肪 5 g	飽和脂肪	3 g
	鈉	889 mg

全穀雜糧	豆魚蛋肉	蔬菜	水果	乳品	油脂與堅果種子
0	1.7 份 低脂	0	0	0	0.4 份

香煎海鱸魚菲力

海鱸魚肉質細嫩鮮美,且價格實在,營養價值又極為豐富,先
以香草醃漬,再以大火煎得表皮酥脆,搭配烤過的鳳梨品嘗,
鮮甜的滋味結合酸甜果香,真是風味絕佳啊!

份量:**4**人份
難易度:🍴🍴🍴
料理時間:預計約 **30** 分鐘

風味絕佳

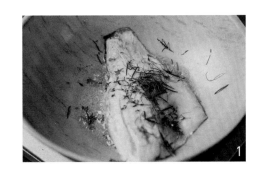

材料

海鱸魚菲力	4 片約 480g
百里香	3g
迷迭香	3g
橄欖油	20g
海鹽	5g
黑胡椒	3g
西班牙紅椒粉	2g
烤鳳梨	15g
檸檬	1 片

做法

1 鱸魚菲力抹橄欖油，加鹽、黑胡椒、百里香與迷迭香醃漬 20 分鐘。

2 平底鍋放橄欖油，將鱸魚菲力大火煎 5 分鐘，翻面再煎 3 分鐘至熟。

3 撒上西班牙紅椒粉、擠檸檬汁，搭配烤鳳梨盛盤。

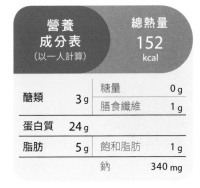

營養成分表（以一人計算）　**總熱量 152 kcal**

醣類	3g	糖量	0g
		膳食纖維	1g
蛋白質	24g		
脂肪	5g	飽和脂肪	1g
		鈉	340mg

全穀雜糧 0　豆魚蛋肉 3.4 份 低脂　蔬菜 0　水果 0　乳品 0　油脂與堅果種子 0.5 份

炙燒鮪魚排佐檸香酒醋

炙燒鮪魚真的很好吃！當正餐或消夜都是好選擇，最重要的是做法很簡單。記得要購買生食等級的鮪魚，表面略煎上色，淋點濃縮的巴薩米克醋，外熟內生，不僅口感超棒，味道也鮮美。

份量：**4** 人份

難易度：🥄🥄🥄

料理時間：預計約 **30** 分鐘

feature
免疫力↑

口感超棒

材料

生食級鮪魚排	300g
白芝麻	5g
橄欖油	8g
巴薩米克醋	30g
檸檬汁	10g
海鹽	3g

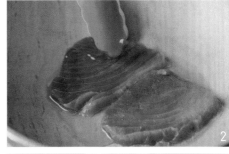

做法

1 鮪魚排切片,抹海鹽靜置 10 分鐘。

2 將鮪魚排放入鍋子,再淋橄欖油。

3 以小火將鮪魚表面煎上色,即可關火取出盛盤。

4 取一小鍋,將巴薩米克醋與檸檬汁以小火煮至濃稠成醬汁。

5 鮪魚排淋上醬汁,撒白芝麻。

營養成分表 (以一人計算)	總熱量 109 kcal	
醣類 2 g	糖量	1 g
	膳食纖維	6 g
蛋白質 18 g		
脂肪 3 g	飽和脂肪	0 g
	鈉	281 mg

全穀雜糧	豆魚蛋肉	蔬菜	水果	乳品	油脂與堅果種子
0	2.5 份 低脂	0	0	0	0.5 份

鱈魚漢堡排

吃了快餐店的魚堡後意猶未盡，但又覺得吃太多速食似乎不好，
於是決定自己來動手做。自己做菜的好處是用料可以很大方，
也能依自己的喜好決定調味料濃淡，健康又不失美味。

份量：**8**人份
難易度：🥄🥄🥄🥄
料理時間：預計約 **30** 分鐘

健康又美味

材料

鱈魚	500g
白蝦	200g
白花椰菜	200g
橄欖油	60g
蒜末	20g
海鹽	10g
黑胡椒	7g
檸檬皮末	5g
小茴香籽	5g
巴西里	10g
洋蔥末	30g
蛋	2 顆
帕馬森起司	50g
低醣塔塔醬	20g （P17）

做法

1　白花椰菜切成米粒大小，以蒸鍋蒸熟。

2　鱈魚、白蝦、白花椰菜加橄欖油，以食物調
　　理機或電動攪拌器攪拌均勻。

3　拌入蒜末、海鹽、黑胡椒、檸檬皮末、小茴
　　香籽、巴西里、洋蔥末與帕馬森起司，再加
　　蛋拌勻。

4　以湯匙取適量［做法 3］，捏成小圓球，壓扁
　　成直徑約 3 公分的餅狀。

5　放入氣炸鍋，以 180°C 烤 5 分鐘。或放入烤
　　箱以 180°C 烤 8 ～ 10 分鐘即可。

6　可搭配自製的低醣塔塔醬享用。

營養 成分表 （以一人計算）		總熱量 225 kcal	
醣類	6 g	糖量	1 g
		膳食纖維	1 g
蛋白質	21 g		
脂肪	14 g	飽和脂肪	4 g
		鈉	785 mg

全穀 雜糧	豆魚 蛋肉	蔬菜	水果	乳品	油脂與 堅果種子
0	0.8+1.5 份 低脂 中脂	0.3 份	0	0.3 份 低脂	1.8 份

法式芥末籽醬煎烤多利魚

海鮮蛋白質豐富，可變化出許多口味。魚肉搭配法式芥末籽醬，再結合酸豆、番茄、酸黃瓜等，就是一道充滿異國風情的料理。記得魚肉不要烹煮過久，才能感受到最細嫩的口感。

份量：**3** 人份
難易度：🥄🥄🥄
料理時間：預計約 **30** 分鐘

充滿異國風

材料

多利魚排	2 大片約 300g
酸黃瓜	8g
酸豆	5g
番茄丁	70g
九層塔	40g
橄欖油	12g
黑胡椒	5g
海鹽	7g
白酒	30ml
高湯	15ml
奶油	20g
法式芥末籽醬	6g（P32）

做法

1　多利魚片洗淨，以廚房紙巾擦乾。

2　多利魚片抹海鹽、黑胡椒醃漬 10 分鐘。

3　以橄欖油將魚片煎 5 分鐘，放入酸豆、番茄丁、
　　九層塔、白酒、高湯燜煮 3 分鐘。

4　放入奶油與法式芥末籽醬拌一下即可起鍋。

5　以酸黃瓜裝飾即可。

營養 成分表 （以一人計算）		總熱量 295 kcal	
醣類	6 g	糖量	1 g
		膳食纖維	1 g
蛋白質	33 g		
脂肪	15 g	飽和脂肪	6 g
		鈉	961 mg

全穀 雜糧	豆魚 蛋肉	蔬菜	水果	乳品	油脂與 堅果種子
0	4.6 份 中脂	0.4 份	0	0	2份

泰式紅咖哩紙包魚

滋味鮮明的泰式料理深受喜愛,將魚肉以香茅、南薑、紅咖哩等調味,運用西式料理紙包魚的手法,以烘焙紙包起密封,烘烤時還有著炊蒸效果,讓魚肉氣味馨香,充滿了南洋風情。

份量:**2**人份

難易度:🥄🥄🥄🥄

料理時間:預計約 **40** 分鐘

馨香南洋味

材料

多利魚	70g
南薑	20g
香茅	25g
檸檬葉	3 片
香菜根	10g
蒜頭	15g
椰漿	20g
高湯	20g
紅咖哩	10g
九層塔	10g
小辣椒	3g
烘焙紙	3 張

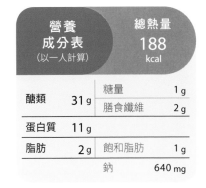

做法

1 南薑、香茅、檸檬葉、香菜根、蒜頭放入石臼搗碎。

2 紅咖哩加高湯、椰漿拌勻成醬料。

3 烤盤鋪烘焙紙，放多利魚，鋪醬料，撒搗碎的香料。

4 將烘焙紙密封包起，放入烤箱，以 200°C 烤 15 ～ 20 分鐘。

5 盛盤後以九層塔、辣椒裝飾。

Tips ｜ 南薑可以在菜市場買到。

營養成分表（以一人計算）		總熱量 188 kcal	
醣類	31 g	糖量	1 g
		膳食纖維	2 g
蛋白質	11 g		
脂肪	2 g	飽和脂肪	1 g
		鈉	640 mg

全榖雜糧	豆魚蛋肉	蔬菜	水果	乳品	油脂與堅果種子
0	1.6 份低脂	0.4 份	0	0	0.5 份

主 食
Main Course

麵 飯
Rice & Noodles

檸檬蒜香花椰飯

常常有人問我，減脂期間要吃什麼？我常煮檸檬蒜香花椰飯，
將白花椰菜剁細碎猶如米粒般大小，吃了飽足感滿分，又不會
發胖，是最好的低醣生活選擇！

份量：**1** 人份

難易度：

料理時間：預計約 **20** 分鐘

飽足感滿分不發胖

材料

白花椰菜粒	150g
海鹽	5g
黑胡椒	3g
橄欖油	10g
蒜末	10g
迷迭香末	15g
檸檬汁	10g
百里香	3g

做法

1　將白花椰菜用刀切成細粒狀。
2　以橄欖油炒香蒜末。
3　再放入白花椰菜粒炒香。
4　加檸檬汁、海鹽、黑胡椒、迷迭香末攪拌均勻，
　　撒百里香即可。

營養 成分表 （以一人計算）	總熱量 **221** kcal	
醣類　22 g	糖量	4 g
	膳食纖維	11 g
蛋白質　5 g		
脂肪　14 g	飽和脂肪	4 g
	鈉	436 mg

全穀 雜糧	豆魚 蛋肉	蔬菜	水果	乳品	油脂與 堅果種子
0	0	1.6 份	0	0	2 份

毛豆藜麥蒟蒻飯

我常常把這道毛豆藜麥蒟蒻飯當主
食，下班後炒個青菜、烤個魚或
肉，就輕輕鬆鬆上桌。若是沒時間
好好下廚，也可使用懶人料理法，
直接做沙拉加在裡面。做好放冰箱
當成常備菜，下班超省時上菜。

份量：**2**人份

難易度：🍴🍴🍴

料理時間：預計約**30**分鐘

下班做，速上菜

材料

毛豆	80g
藜麥	50g
蒟蒻米	40g
海鹽	8g
黑胡椒	5g
橄欖油	8g

做法

1　將蒟蒻米與藜麥蒸熟。

2　毛豆泡水 10 分鐘去膜，入滾水煮熟備用。

3　煮熟的毛豆加入蒟蒻米及藜麥攪拌均勻，
　　以橄欖油、海鹽與黑胡椒調味即可。

營養成分表 （以一人計算）		總熱量 **182** kcal
醣類	25 g	糖量　0 g
		膳食纖維　5 g
蛋白質	8 g	
脂肪	6 g	飽和脂肪　1 g
		鈉　520 mg

全穀雜糧	豆魚蛋肉	蔬菜	水果	乳品	油脂與堅果種子
1.2 份	0.8 份 低脂	0	0	0	0.8 份

櫛瓜酪梨烤麵

以櫛瓜絲取代麵條是很流行的吃法，除了當成麵條拌炒，也可以雞肉、咖哩粉等調味，再撒上起司焗烤。質地軟滑的酪梨有著類似白醬或鮮奶油的效果，讓蔬菜麵條吃來更順口，超有飽足感。

材料

櫛瓜	150g
酪梨	120g
莫扎瑞拉起司	80g
雞肉絲	50g
海鹽	8g
黑胡椒	5g
辣椒粉	10g
咖哩粉	10g

份量：**2**人份

難易度：🥄🥄🥄

料理時間：預計約**30**分鐘

做法

1　櫛瓜切絲、酪梨切片，與雞肉絲、海鹽、黑胡椒、辣椒粉、咖哩粉攪拌均勻。

2　將所有拌勻的食材鋪在烤盤上，撒莫扎瑞拉起司。

3　放入烤箱，以 200°C 烤 15 ～ 20 分鐘即可。

營養成分表（以一人計算）	總熱量 217 kcal

醣類	11g	糖量	0g
		膳食纖維	5g
蛋白質	17g		
脂肪	12g	飽和脂肪	1g
		鈉	574mg

全榖雜糧	豆魚蛋肉	蔬菜	水果	乳品	油脂與堅果種子
0	0.9份 低脂	0.3份	0	0.9份 全脂	0.6份

低醣千層麵

以蔬菜取代麵皮做成義式千層麵,不但大幅降低澱粉質攝取量,口感也會更清爽,加上以希臘優格代替傳統的動物性鮮奶油,滋味不油膩,也能吃得更低醣健康喔!

份量:**8**人份

難易度:♦♦♦♦

料理時間:預計約**60**分鐘

清爽不油膩

材料

洋蔥	30g	迷迭香	8g	**起司醬：**	
蒜頭	8g	番茄糊	45g	披薩起司	10g
櫛瓜	2 根約 180g	牛番茄	25g	蒜末	15g
茄子	1 條約 50g	高湯	24g	海鹽	3g
羅勒	8g	海鹽	3g	黑胡椒	3g
牛絞肉	500g	黑胡椒	3g	自製希臘優格	300g（P29）
橄欖油	15g	披薩起司	15g		
巴西里	8g				

做法

1 以橄欖油將蒜末與洋蔥末炒香。

2 加牛絞肉、巴西里、迷迭香、牛番茄、番茄糊
和高湯拌炒至湯汁收乾，即為番茄肉醬。

3 加入黑胡椒、海鹽調味後備用。

4 希臘優格加披薩起司、蒜末、海鹽和黑胡椒混
合均勻成起司醬。

5 將櫛瓜以刨刀刨成長薄片，茄子切圓片。

6 茄子鋪盤底，放番茄肉醬和羅勒，再鋪櫛瓜，
淋番茄紅醬和起司醬。

7 最上面撒披薩起司，放入烤箱以 180°C 烤
20 ～ 25 分鐘即可。

6

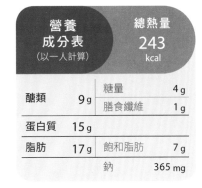

營養成分表（以一人計算）	總熱量 243 kcal	
醣類 9g	糖量	4g
	膳食纖維	1g
蛋白質 15g		
脂肪 17g	飽和脂肪	7g
	鈉	365mg

全穀雜糧	豆魚蛋肉	蔬菜	水果	乳品	油脂與堅果種子
0	1.5 份 高脂	0.3 份	0	0.4 份 全脂	0.4 份

雞絲麻醬蒟蒻麵

養顏
美容
feature

想要瘦身，不必節食把自己搞得飢腸轆轆，就以蒟蒻麵條代替傳統的油麵來做涼麵吧！搭配低脂的雞肉絲，還有小黃瓜和紅蘿蔔絲，吃得心滿意足之際，也不必擔心攝取過多熱量和醣分。

份量：**1**人份

難易度：🍴🍴

料理時間：預計約**20**分鐘

大口吃不怕胖

材料

蒟蒻麵	1 包約 180g
雞肉絲	70g
小黃瓜絲	30g
紅蘿蔔絲	30g
蔥花	5g

調味料：

芝麻醬	20g
溫開水	40g
赤藻糖醇	16g
無糖花生粉	6g
醬油	25g
香醋	25g
蒜末	10g
辣椒油	5g

 做法

1　將所有調味料拌勻。

2　蒟蒻麵加小黃瓜絲、紅蘿蔔絲、雞肉絲，
　　淋上調味料，再撒上蔥花即可。

營養成分表（以一人計算）	總熱量 295 kcal	
醣類 49 g	糖量	11 g
	膳食纖維	30 g
蛋白質 21 g		
脂肪 9 g	飽和脂肪	1 g
	鈉	1040 mg

全穀雜糧	豆魚蛋肉	蔬菜	水果	乳品	油脂與堅果種子
0	2.2 份 低脂	0.5 份	0	0	1.6 份

154

青醬雞肉櫛瓜麵

feature
腸道蠕動⁺

以蔬菜絲取代麵條，是近年來國外相當流行的低卡料理。將櫛瓜刨成細絲，加上自製低醣檸檬青醬等拌炒，少了煮麵時間，輕輕鬆鬆就能快速上桌，重點是風味還很棒。

份量：**2**人份
難易度：🥄🥄🥄
料理時間：預計約**20**分鐘

創新低卡餐

材料

雞肉丁	100g
櫛瓜	250g
南瓜丁	15g
帕馬森起司	10g
檸檬汁	8g
橄欖油	12g
小番茄	20g
低醣檸檬青醬	80g（P22）
蒜末	10g
百里香	5g

做法

1　櫛瓜刨成細絲備用。

2　南瓜丁放入烤箱以 180°C 烤 12 ～ 15 分鐘。

3　拿出平底不沾鍋以橄欖油炒香蒜末。

4　放入雞肉丁、小番茄炒 2 分鐘。

5　放入櫛瓜絲、檸檬汁、低醣檸檬青醬拌炒 1 分鐘後關火。

6　撒上烤熟的南瓜丁、百里香及帕馬森起司即可。

營養成分表（以一人計算）		總熱量 262 kcal	
醣類	12 g	糖量	2 g
		膳食纖維	3 g
蛋白質	14 g		
脂肪	18 g	飽和脂肪	1 g
		鈉	587 mg

全穀雜糧	豆魚蛋肉	蔬菜	水果	乳品	油脂與堅果種子
0.1 份	1.3 份 低脂	0.9 份	0.1 份	0.3 份 低脂	1.6 份

波特牛肉漢堡

波特菇個頭超大，含有豐富蛋白質和膳食纖維，是素食者良好的蛋白質來源，更是瘦身人士的心頭好。波特菇吃來肥厚多汁，風味濃郁，以之取代麵包做成低醣漢堡，是最棒的選擇。

份量：**3** 人份

難易度：🍴🍴🍴

料理時間：預計約 **40** 分鐘

肉厚多汁無澱粉

2

材料

牛絞肉	200g
美生菜	30g
酪梨	80g
蒜末	8g
波特菇	6 朵
牛番茄片	20g
酸黃瓜	5 片
荷包蛋	1 顆
巧達起司	30g
芥末籽醬	10g
迷迭香	10g
百里香	10g
海鹽	3g
黑胡椒	3g
橄欖油	10g
義式香草油醋醬	10g（P23）

做法

1　波特菇去除菇柄，淋橄欖油、百里香、海鹽及黑胡椒調味，以 200°C 烤 15 分鐘。

2　牛絞肉、蒜末、芥末籽醬、黑胡椒、海鹽和起司攪拌均勻，做成牛絞肉排。

3　熱鍋放橄欖油，放入牛絞肉排煎約 5 分鐘。

4　烤好的波特菇夾入牛絞肉排、牛番茄片、酪梨、酸黃瓜、荷包蛋、生菜，再淋上義式香草油醋醬，撒迷迭香。

Tips｜牛絞肉排可改用牛菲力取代，牛菲力做法可參考 P68。

營養成分表（以一人計算）	總熱量 308 kcal

醣類	27 g	糖量	2 g
		膳食纖維	10 g
蛋白質	24 g		
脂肪	14 g	飽和脂肪	5 g
		鈉	659 mg

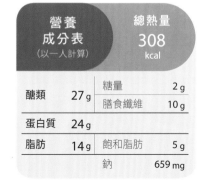

全穀雜糧	豆魚蛋肉	蔬菜	水果	乳品	油脂與堅果種子
0	1.8+0.3 份 低脂 中脂	2.1 份	0	0.2 份 全脂	1.1 份

櫛瓜酪梨披薩

喜歡吃披薩，但又怕卡路里爆表嗎？不妨試試以剁碎白花椰菜
做成的披薩。超神奇！沒有麵粉也能做出披薩餅皮，這款創意
十足的披薩，能滿足所有想吃的欲望，而且低卡低醣超健康。

份量：**4** 人份

難易度：🥄🥄🥄🥄

料理時間：預計約 **40** 分鐘

超神奇美味

材料

白花椰菜粒	285g
帕馬森起司	150g
蛋	2 顆
蒜粉	5g
海鹽	5g
黑胡椒	5g
櫛瓜	90g
酪梨	80g
小番茄	20 顆約 50g
羅勒	15g

做法

1 烤箱以 200°C 預熱 10 分鐘。

2 將白花椰菜粒、帕馬森起司、蛋、蒜粉、海鹽、
  黑胡椒混合均勻。

3 將［做法 2］放在烤盤上，攤成大圓形。

4 放入烤箱以 200°C 烤 15 分鐘，放涼備用。

5 櫛瓜刨成長薄片，圍成圈，與酪梨、小番茄、
  羅勒鋪在烤好的［做法 4］上。

6 撒起司，再放入烤箱以 200°C 烤 8 分鐘。

營養成分表 (以一人計算)		總熱量 263 kcal	
醣類	9 g	糖量	2 g
		膳食纖維	3 g
蛋白質	23 g		
脂肪	15 g	飽和脂肪	9 g
		鈉	1044 mg

全穀雜糧	豆魚蛋肉	蔬菜	水果	乳品	油脂與堅果種子
0	0.5 份中脂	0.8 份	0.1 份	2.1 份低脂	0.2 份

雙色酪梨船

每天吃適量的酪梨,能吸收對人體有益的脂肪,還有飽足感。
但若每天都是一樣的做法,感覺太無趣了,來試做看看簡單又
美味的酪梨船,搭配罐頭鮪魚、蟹肉或鮮蝦,吃來都很對味。

份量:**1** 人份

難易度:🥄🥄🥄

料理時間:預計約 **20** 分鐘

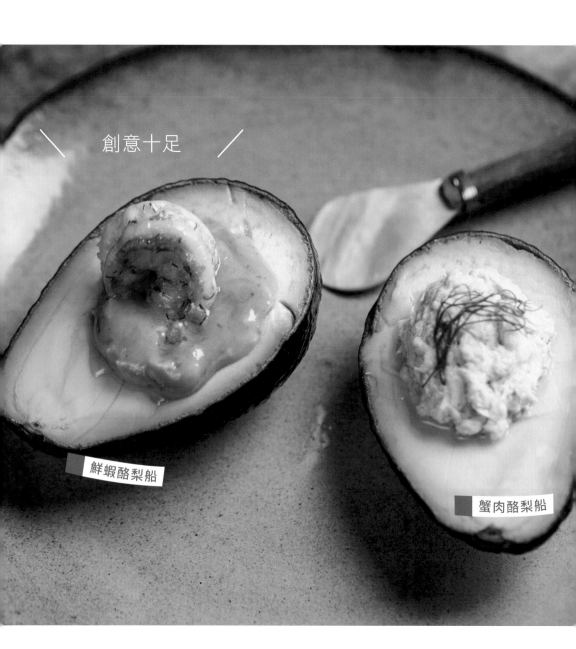

創意十足

鮮蝦酪梨船

蟹肉酪梨船

蟹肉酪梨船

材料

酪梨	1 顆約 100g
罐頭鮪魚	185g
蟹肉	50g
低醣美乃滋	30g（P16）
蒜末	6g
黑胡椒	3g
海鹽	3g
蒔蘿	5g

做法

1 酪梨切半。
2 將罐頭鮪魚、蟹肉、美乃滋、蒜末、
　黑胡椒、海鹽拌勻成鮪魚醬，放在
　酪梨上，撒蒔蘿。

鮮蝦酪梨船

材料

酪梨	1 顆約 100g
鮮蝦	2 尾約 30g
蒜末	5g
海鹽	3g
黑胡椒	3g
橄欖油	5g
地中海茄子醬	30g（P19）
蒔蘿	5g

做法

1 以橄欖油炒香蒜末，放鮮蝦拌炒。
2 加海鹽、黑胡椒調味後起鍋。
3 酪梨切半，加地中海茄子醬，再加
　炒好的鮮蝦，撒蒔蘿。

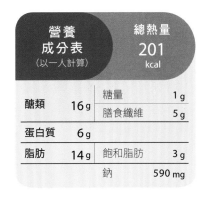

營養成分表（以一人計算）		總熱量 201 kcal	
醣類	16 g	糖量	1 g
		膳食纖維	5 g
蛋白質	6 g		
脂肪	14 g	飽和脂肪	3 g
		鈉	590 mg

全穀雜糧	豆魚蛋肉	蔬菜	水果	乳品	油脂與堅果種子
0	0.5 份低脂	0.3 份	0	0	2.6 份

地瓜瑞可達起司抹醬

因為吃到了滋味香甜的地瓜，就思考該如何變出更多口味，一番構思之後，想出了將起司抹醬結合甜甜的地瓜，看起來擁有網美式高級視覺效果，很適合當成下午茶或消夜的輕食。

份量：**2** 人份

難易度：🥄🥄🥄

料理時間：預計約 **30** 分鐘

最佳午茶輕食

材料

地瓜	150g
菠菜	100g
蒜末	8g
檸檬汁	15g
海鹽	3g
黑胡椒粉	2g
巴西里	5g
橄欖油	15g
蒟蒻米	20g
藜麥	10g
手作羊奶瑞可達起司	100g（P26）

做法

1　先將蒟蒻米與藜麥用電鍋煮熟備用。再用平底鍋以橄欖油炒香蒜末，加入菠菜炒熱。

2　取出菠菜瀝乾水分，放涼後剁碎。

3　羊奶瑞可達起司加檸檬汁、菠菜碎、巴西里、海鹽、胡椒粉和橄欖油拌勻成入起司醬。

4　地瓜切片，放入氣炸鍋以 180c° C 烤 10 分鐘。

5　在地瓜片上抹起司醬，以煮熟的蒟蒻米和藜麥裝飾。

Tips ｜ 1. 起司醬拌勻後可冷藏一夜，風味會更融合。
2. 沒有氣炸鍋，也可以用烤箱。

營養成分表 (以一人計算)	總熱量 280 kcal		
醣類	31 g	糖量	4 g
		膳食纖維	4 g
蛋白質	8 g		
脂肪	14 g	飽和脂肪	2 g
		鈉	673 mg

全穀雜糧	豆魚蛋肉	蔬菜	水果	乳品	油脂與堅果種子
1.5 份	0	0.3 份	0	0.4 份 全脂	1.5 份

日式乾煎板豆腐佐花生芝麻醬

煎豆腐別無他法，就是要有耐心。只要先充分熱鍋，開小火慢慢煎，別急著翻面，豆腐就不會破皮，煎好後，淋上自己做的低醣花生芝麻醬，看似簡單，吃來卻有滋有味。

份量：**2** 人份
難易度：🥄🥄
料理時間：預計約 **10** 分鐘

有滋有味

材料

板豆腐	80g
橄欖油	8g
白芝麻	8g
低醣花生芝麻醬	20g （P25）

做法

1 將板豆腐切成正方形。

2 板豆腐以橄欖油煎熟。

3 淋低醣花生芝麻醬，再撒上白芝麻即可。

Tips ｜ 板豆腐也可換成白豆干，滋味口感特別。

營養成分表 （以一人計算）	總熱量 109 kcal		
醣類	4g	糖量	0g
		膳食纖維	1g
蛋白質	5g		
脂肪	9g	飽和脂肪	2g
		鈉	149mg

全穀雜糧	豆魚蛋肉	蔬菜	水果	乳品	油脂與堅果種子
0	0.5份 中脂	0	0	0	1.5份

chapter

9
___

佐 菜
Side Dishes

蔬 菜
Vegetables

秋葵佐芝麻醬

feature
養顏
美容

秋葵形狀像女人手指,有「美人指」之稱,燙熟後,口感微脆、軟滑帶黏,而且顧胃、降三高、低升糖,真是好處多多的蔬菜之一。我最喜歡把秋葵做成涼拌料理,很適合全家食用。

份量:**2**人份
難易度:🍴🍴
料理時間:預計約 **10** 分鐘

絕佳涼拌菜

材料

秋葵	150g
白芝麻	5g
低醣花生芝麻醬	20g（P25）
海鹽	3g

做法

1　秋葵洗淨，放入加鹽的滾水氽燙 5 分鐘，撈起瀝乾水分。

2　將燙好的秋葵淋上自製的低醣花生芝麻醬，再撒白芝麻即可。

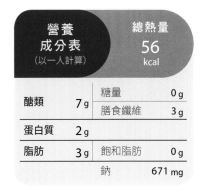

營養成分表 (以一人計算)		總熱量 56 kcal	
醣類	7 g	糖量	0 g
		膳食纖維	3 g
蛋白質	2 g		
脂肪	3 g	飽和脂肪	0 g
		鈉	671 mg

全穀雜糧	豆魚蛋肉	蔬菜	水果	乳品	油脂與堅果種子
0	0	0.8 份	0	0	0.5 份

巴薩米克醋炒蘑菇

每次去餐廳，我都會關注配菜，像這道以巴薩米克醋拌炒的蘑菇，吃來有著柔和的醋酸甜味，在我心中是最完美的配菜，重點是做法非常簡單，日理萬機的媽媽們一定要試試看！

份量：**2**人份
難易度：🍴🍴
料理時間：預計約 **20** 分鐘

酸香好開胃

材料

蘑菇	200g
蒜末	25g
無鹽奶油	8g
橄欖油	10g
巴薩米克醋	10g
水	10g
海鹽	5g
黑胡椒	3g
西班牙紅椒粉	5g
巴西里	15g

做法

1 蘑菇稍微擦乾淨，切除菇柄後再對切。在鍋裡先用橄欖油炒香蒜末。

2 再放入蘑菇、鹽、黑胡椒拌炒。

3 加巴薩米克醋、水煮 2 分鐘至湯汁收乾。

4 再加奶油拌炒均勻。

5 盛盤以巴西里、紅椒粉裝飾。

營養成分表 (以一人計算)	總熱量 159 kcal	
醣類 14g	糖量	2 g
	膳食纖維	3 g
蛋白質 6g		
脂肪 9g	飽和脂肪	3 g
	鈉	606 mg

全穀雜糧	豆魚蛋肉	蔬菜	水果	乳品	油脂與堅果種子
0	0	0.9 份	0.1 份	0	1.7 份

蒜香白酒炒蒔蘿

feature
腸道蠕動+

蒔蘿結合海鮮料理是絕配，若單純用來拌炒也非常美味。拌炒蒔蘿時，白酒要分次入鍋，讓酒精揮發剩香氣，起鍋前再擠入檸檬汁，就是風味清新的好菜。

份量：**2**人份

難易度：🥄🥄🥄

料理時間：預計約 **20** 分鐘

瘦身低醣好菜

 材料

蒔蘿	150g
白酒	30g
檸檬	半顆約 20g
海鹽	3g
橄欖油	15g
蒜末	5g

做法

1 以橄欖油將蒜末炒香。

2 蒔蘿取葉子，入鍋拌炒。

3 白酒分成兩次入鍋拌炒。

4 起鍋前加入檸檬汁、海鹽炒勻即可。

營養 成分表 (以一人計算)		總熱量 104 kcal
醣類 7 g	糖量	1 g
	膳食纖維	2 g
蛋白質 2 g		
脂肪 8 g	飽和脂肪	1 g
	鈉	555 mg

全穀雜糧	豆魚蛋肉	蔬菜	水果	乳品	油脂與堅果種子
0	0	0.8 份	0.1 份	0	1.5 份

香烤時蔬

feature
腸道蠕動+

烤箱真是廚娘的好朋友,烤蔬菜非常快速方便,讓家人再也沒有理由不吃青菜了。尤其是炎炎夏日,不需站在爐前炒菜,只要輕輕鬆鬆調好味,剩下的交給烤箱,就能享用甘甜的烤蔬菜。

份量:**6**人份

難易度:🥄🥄

料理時間:預計約 **30** 分鐘

免顧爐火超方便

材料

羽衣甘藍	150g
娃娃菜	100g
小番茄	200g
南瓜丁	60g
玉米筍	20g
甜椒	50g
蒜頭	12g
蘆筍	90g
橄欖油	8g
黑胡椒	3g
海鹽	3g
北非煙燻粉	5g

做法

1　將所有蔬菜洗淨放進烤盤。

2　淋上橄欖油、黑胡椒、海鹽與北非煙燻粉。

3　以 200°C 烤 20 ～ 25 分鐘即可。

營養成分表 (以一人計算)	總熱量 52 kcal	
醣類	8 g	糖量　2 g
		膳食纖維　2 g
蛋白質	2 g	
脂肪	2 g	飽和脂肪　0 g
		鈉　184 mg

全穀雜糧	豆魚蛋肉	蔬菜	水果	乳品	油脂與堅果種子
0.1 份	0	0.5 份	0.2 份	0	0.3 份

瑞可達起司番茄盅

宴客若不知道要請客人吃什麼菜肴，這一道健康又美觀的番茄盅相當適合。把番茄挖空當成容器，填入加香草拌勻的羊奶瑞可達起司，上面再加一些堅果裝飾，看來好有質感！

份量：**4**人份

難易度：🥄🥄

料理時間：預計約 **20** 分鐘

賓主盡歡宴客菜

材料

牛番茄	4 顆 500g
羊奶瑞可達起司	50g （P26）
蒔蘿	15g
迷迭香	10g
海鹽	5g
黑胡椒	5g
初榨橄欖油	8g

做法

1　牛番茄洗淨後，挖出番茄籽成番茄盅。

2　羊奶瑞可達起司加蒔蘿、迷迭香、海鹽、黑胡椒和橄欖油攪拌均勻。

3　將〔做法 2〕填入番茄盅。

4　撒海鹽與橄欖油即可。

營養成分表 （以一人計算）	總熱量 78 kcal

醣類	8 g	糖量	3 g
		膳食纖維	3 g
蛋白質	2 g		
脂肪	4 g	飽和脂肪	1 g
		鈉	454 mg

全榖雜糧	豆魚蛋肉	蔬菜	水果	乳品	油脂與堅果種子
0	0	1.3 份	0	0.1 份 全脂	0.4 份

山藥蘑菇酪梨塔雞

山藥脆滑的獨特口感,結合蘑菇、酪梨、鳳梨等食材,口感出乎意外的協調。使用氣炸鍋快速將山藥和鳳梨烤過,搭配自製的酪梨莎莎醬,風味清新爽口,非常適合當成宴客的小點心。

份量:**2**人份

難易度:🍴🍴🍴

料理時間:預計約**30**分鐘

風味清新爽口

材料

山藥	80g
蘑菇	100g
鳳梨	30g
酪梨莎莎醬	60g（P21）
橄欖油	12g
巴西里	15g
海鹽	5g
黑胡椒	5g

做法

1 將山藥切片，抹橄欖油；鳳梨切成三角片，一起放入氣炸鍋，以
  190°C 烤 6 分鐘。

2 蘑菇切片以橄欖油快炒，加海鹽、巴西里、黑胡椒炒熟成香料蘑菇。

3 以山藥片為底，鋪上香料蘑菇，淋酪梨莎莎醬，以鳳梨裝飾。

Tips ｜ 若沒氣炸鍋，也可以用烤箱以 180°C 烤 8 ～ 10 分鐘。

營養成分表（以一人計算）		總熱量 185 kcal	
醣類	21 g	糖量	3 g
		膳食纖維	3 g
蛋白質	6 g		
脂肪	9 g	飽和脂肪	2 g
		鈉	707 mg

全穀雜糧	豆魚蛋肉	蔬菜	水果	乳品	油脂與堅果種子
0.5 份	0	0.5 份	0.1 份	0	1.7 份

酪梨毛豆椰菜泥

想吃白飯，卻又怕吸收太多澱粉質，不妨試試將白花椰菜蒸熟，加上毛豆、調味料等打成的花椰菜泥，吃起來能提供飽足感，還是低醣飲食，是用來取代白米飯澱粉的好選擇喔！

份量：**2** 人份

難易度：🥄🥄🥄

料理時間：預計約 **30** 分鐘

瘦身低醣好菜

材料

酪梨	100g
毛豆	80g
白花椰菜	100g
烤熟松子	15g
橄欖油	5g
海鹽	5g
黑胡椒	5g
自製希臘優格	100g（P29）

做法

1　將白花椰菜蒸熟，毛豆煮熟，松子烤香。

2　將酪梨、毛豆、白花椰菜和橄欖油以食物調理機打均勻。

3　加自製希臘優格混合均勻。

4　加上松子、海鹽及黑胡椒調味即可。

Tips ｜　也可以當牛排或羊排的澱粉類配菜，低醣又營養滿分！

營養成分表 （以一人計算）	總熱量 254 kcal	
醣類 19g	糖量	6g
	膳食纖維	8g
蛋白質 12g		
脂肪 16g	飽和脂肪	5g
	鈉	925mg

全穀雜糧	豆魚蛋肉	蔬菜	水果	乳品	油脂與堅果種子
0	0.8份 低脂	0.5份	0	0.4份 全脂	2.3份

烘 焙
Baking

／

點 心
Dessert

低糖巧克力豆餅乾

小時候總喜歡和媽媽一起做餅乾，現在輪到和兒子、女兒一起動手做，成為最好的親子時光，而且無奶蛋配方，大大減少孩子接觸過敏原。

份量：**4**人份

難易度：

料理時間：預計約 **30** 分鐘

親子同樂好時光

材料

烘培用杏仁粉	140g
巧克力豆	36g
赤藻糖醇	24g
海鹽	3g
泡打粉	3g
椰子油	24g
香草精	3g
杏仁奶	5g

做法

1　烤箱預熱至 180°C。

2　將杏仁粉、巧克力豆、赤藻糖醇、海鹽、泡打粉混
　　匀，再加杏仁奶、香草精、椰子油混匀成麵糰。

3　將麵糰揉成約 3 公分小球狀，再壓平成餅乾形狀。

4　放入烤箱，以 180°C 烤 10 ～ 12 分鐘。

5　放涼靜置 10 分鐘即可享用。

營養成分表 (以一人計算)	總熱量 323 kcal	
醣類　27 g	糖量	16 g
	膳食纖維	3 g
蛋白質　5 g		
脂肪　23 g	飽和脂肪	9 g
	鈉	321 mg

全穀雜糧	豆魚蛋肉	蔬菜	水果	乳品	油脂與堅果種子
0	0	0	0	0.1 份 全脂	4.4 份

低糖起司迷迭香羅勒餅乾

下午時分，吃點心的時間又到了！總是喜歡像小老鼠一樣東找西找，希望能夠找到一些小零食來解饞，這個餅乾吃起來鹹鹹的，是我最愛吃的鹹餅乾之一。

份量：**6** 人份

難易度：🥄🥄🥄

料理時間：預計約 **30** 分鐘

百吃不膩

材料

室溫無鹽奶油	85g
鮮奶油	24g
巧達起司絲	170g
帕馬森起司	45g
椰子粉	45g
新鮮羅勒	20g
新鮮迷迭香	20g

4

5

做法

1　烤箱先預熱至 180°C。

2　以手持攪拌棒將奶油、鮮奶油攪拌均勻。

3　加巧達起司、帕馬森起司一起攪拌，再加入椰子粉。

4　羅勒、迷迭香切碎後加入，混合均勻。

5　使用餅乾模壓出喜愛的形狀。

6　放入烤箱，以 180°C 烤 12 分鐘。

7　放涼靜置 10 分鐘即可享用。

營養成分表 (以一人計算)	總熱量 348 kcal	
醣類 6g	糖量	1g
	膳食纖維	4g
蛋白質 12g		
脂肪 31g	飽和脂肪	22g
	鈉	344mg

全穀雜糧	豆魚蛋肉	蔬菜	水果	乳品	油脂與堅果種子
0	0	0	0	0.4+0.9 份 低脂 全脂	3.2 份

芒果奶酪

奶酪很難做嗎？不用煩惱，這一種做法保證零失敗，所需要的
器材也非常簡單，即使家裡沒有烤箱等器材，也能輕鬆做出來，
只要利用希臘優格和馬斯卡邦起司，就能親手做出來。

份量：**6**人份
難易度：🥄🥄
料理時間：預計約 **200** 分鐘

零失敗甜點

材料

新鮮芒果	200g
自製希臘優格	300g（P29）
馬斯卡邦起司	500g
芒果汁	30g
檸檬汁	5g
薄荷葉	少許
香草精	3g

1

做法

1 芒果去皮，切成小塊備用。
2 馬斯卡邦起司放室溫回溫，加檸檬汁、芒果汁攪拌均勻。
3 加入香草精、希臘優格攪拌均勻。
4 倒入玻璃容器，放入冰箱冷藏至少 3 小時。
5 上桌前，加上芒果丁，並以薄荷葉裝飾即可。

營養成分表（以一人計算）		總熱量 328 kcal
醣類	14 g	糖量 11 g
		膳食纖維 0 g
蛋白質	7 g	
脂肪	27 g	飽和脂肪 19 g
		鈉 86 mg

全穀雜糧	豆魚蛋肉	蔬菜	水果	乳品	油脂與堅果種子
0	0	0	0.3 份	0.9 份 全脂	0

烤布里堅果

布里 (Brie) 起司屬於軟質起司，質地非常柔軟，帶著一股濃厚溫和的奶油清香，甚至還有類似烤核桃的香味，搭配加了些許調味的堅果烘烤，布里起司會變得更加柔軟可口。

份量：**4** 人份

難易度：🥄🥄

料理時間：預計約 **20** 分鐘

柔軟味清香

材料

布里起司	250g
無鹽堅果	50g
蒜末	5g
新鮮迷迭香	12g
橄欖油	12g
海鹽	3g
黑胡椒	3g

2

3

做法

1 烤箱先預熱至 200°C。

2 堅果放入塑膠袋，以木棍壓碎。

3 取出堅果，加迷迭香、蒜末、橄欖油混合均勻，
再加海鹽、黑胡椒調味。

4 將［做法 3］放在布里起司上，放入烤箱以
200°C 烤 10 分鐘。

營養成分表 (以一人計算)	總熱量 180 kcal	
醣類 8 g	糖量	1 g
	膳食纖維	2 g
蛋白質 11 g		
脂肪 12 g	飽和脂肪	4 g
	鈉	510 mg

全穀雜糧	豆魚蛋肉	蔬菜	水果	乳品	油脂與堅果種子
0	0	0	0	1 份 低脂	1.7 份

蝶豆花奇亞籽布丁

利用蝶豆花的天然色澤，讓優格染上美麗色彩，
再加上水果點綴，賣相佳、低糖低卡的甜點就出爐啦！

feature
養顏
美容

份量：**6**人份

難易度：🥄🥄

料理時間：預計約**20**分鐘

＼ 色澤美賣相佳 ／

材料

杏仁奶	300g
自製希臘優格	200g
奇亞籽	80g
香蕉	1 根約 125g
蝶豆花（藍色）	3 朵
水	200ml

 做法

1 將奇亞籽加杏仁奶混合均勻後，靜置 10 分鐘。

2 將蝶豆花加水泡開，變成藍色後取出花瓣，加入自製希臘優格。

3 放入奇亞籽混合均勻即可。

Tips ｜ 可搭配芒果、藍莓等水果品嘗。

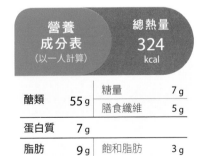

營養成分表 (以一人計算)		總熱量 324 kcal
醣類	55 g	糖量　7 g
		膳食纖維　5 g
蛋白質	7 g	
脂肪	9 g	飽和脂肪　3 g
		鈉　83 mg

全穀雜糧	豆魚蛋肉	蔬菜	水果	乳品	油脂與堅果種子
14 份	0	0	0.3 份	0.3 份 全脂	14 份

洛神花檸檬起司派

想要做一些甜點時，總會一開始就想到派！尤其是起司派，混合了酸奶油的奶油起司帶著檸檬清新，再刨上些許檸檬皮，風味格外清新，會讓人想要多吃一片。

份量：**8**人份

難易度：🥄🥄🥄🥄🥄

料理時間：預計約 **160** 分鐘

清新微酸好舒爽

材料

派皮：

杏仁粉	150g
赤藻糖醇	6g
無鹽奶油	50g
椰子絲	50g

內餡：

奶油起司	300g
酸奶油或希臘優格	300g
檸檬汁	15g
赤藻糖醇	24g
吉利丁	12g
熱水	200ml
冰水	200ml
檸檬皮	15g
檸檬汁	30g

裝飾：

鮮奶油	200g
香草精	3g
洛神花粉	3g
赤藻糖醇	5g

 做法

派皮：

1　將派皮所有材料混合均勻。
2　放入模型塑形，放冰箱冷藏至少 30 分鐘。
3　放入烤箱以 180° C 烤 10 分鐘。記得要在生的派皮上放烘焙石或紅豆，烤完後再將烘焙石或紅豆取出。

內餡：

1　吉利丁放入熱水泡軟，直到溶解。
2　倒入冰水混合均勻。
3　加酸奶油、奶油起司、檸檬汁、赤藻糖醇攪拌均勻至滑順無顆粒狀。
4　倒入派皮內，灑檸檬皮，冷藏至少 2 小時即為檸檬起司派。

裝飾：

1　打發鮮奶油，加香草精、赤藻糖醇及洛神花粉調色。
2　放入擠花袋，擠在檸檬起司派上。

營養成分表 （以一人計算）	總熱量 **435** kcal	
醣類 23 g	糖量	16 g
	膳食纖維	2 g
蛋白質 6 g		
脂肪 36 g	飽和脂肪	22 g
	鈉	135 mg

全穀雜糧	豆魚蛋肉	蔬菜	水果	乳品	油脂與堅果種子
0	0	0	0	0.5 份全脂	3.1 份

低糖椰子奶油派

奶油派多了椰子香氣，吃起來更迷人！派皮已經加了椰子細粉，餡料再將鮮奶油混合椰子細粉和椰子絲，嘗一口奶油派，那股迷人的椰子香氣，讓人彷彿在海邊或島嶼度假一般，感覺好愜意。

 材料

派皮：

椰子細粉	8g
赤藻糖醇	20g
海鹽	3g
椰子油	40g
杏仁粉	135g

椰子餡：

鮮奶油	350g
赤藻糖醇	35g
椰子細粉	8g
椰子絲	50g
鹽	3g
無鹽奶油	35g
蛋黃	3 顆 65g
香草精	5ml
蘭姆酒	5g

裝飾：

鮮奶油	150ml
赤藻糖醇	15g
香草精	5ml
椰子絲	25g

份量：**8** 人份
難易度：🥄🥄🥄🥄🥄
料理時間：預計約 **160** 分鐘

 做法

1 烤箱預熱至 180°C。

2 將派皮材料攪拌均勻，放入派模，放入烤箱以 180°C 烤 10～15 分鐘，生的派皮上放烘焙石或紅豆，烤完後再將烘焙石或紅豆取出。

3 內餡食材除了椰子絲與奶油，其他隔水加熱攪拌均勻，直到冒煙。關火後繼續攪拌約 30 秒，直到質地呈堅挺狀，再加椰子絲、奶油拌勻。

4 將內餡放涼至室溫後，放入冰箱冷藏 2 小時。

5 將內餡填入派皮，以加赤棗糖醇、香草精的打發鮮奶油和椰子絲裝飾。

營養成分表 （以一人計算）	總熱量 475 kcal	
醣類	20 g	糖量	15 g
		膳食纖維	2 g
蛋白質	5 g		
脂肪	45 g	飽和脂肪	29 g
		鈉	309 mg

全穀雜糧	豆魚蛋肉	蔬菜	水果	乳品	油脂與堅果種子
0	0.2 份 超高脂	0	0	0	8.5 份

杏仁餅乾

餅乾傳統以麵粉加水製成,其實以杏仁粉代替麵粉,也不需加雞蛋,就能做出更美味的餅乾。而且無麩質,體質過敏的人也可以享用。

健康無麩質

份量:**4** 人份

難易度:🥄🥄🥄🥄🥄

料理時間:預計約 **30** 分鐘

營養成分表 (以一人計算)	總熱量 **241** kcal	
醣類	18 g	糖量 11 g
		膳食纖維 2 g
蛋白質	3 g	
脂肪	19 g	飽和脂肪 7 g
		鈉 118 mg

全穀雜糧	豆魚蛋肉	蔬菜	水果	乳品	油脂與堅果種子
0	0	0	0	0	3.7 份

 材料

杏仁粉	110g
赤藻糖醇	15g
有鹽奶油	45g
香草精	3g
肉桂粉	3g

做法

1　烤箱先預熱至 180°C。

2　將杏仁粉、赤藻糖醇、香草精、肉桂粉混合均勻,最後加常溫奶油,以手抓勻。

3　將麵糰揉成約 3 公分小球狀,再壓平,或塑成長條形。

4　放入烤箱,以 180°C 烤 10 ～ 12 分鐘。

5　放涼靜置 10 分鐘即可享用。

低糖藍莓馬芬

市售的馬芬口味多數偏甜，想要合口味不妨自己動手做，以赤藻糖醇取代砂糖，再降低比例，當打開烤箱的那一瞬間，絕對會香氣撲鼻，讓你食指大動。

份量：**6**人份

難易度：🥄🥄🥄🥄

料理時間：預計約**40**分鐘

不甜膩更健康

材料

無鹽奶油	110g
赤藻糖醇	15g
椰子粉	50g
泡打粉	3g
香草精	3g
檸檬汁	12g
檸檬皮	8g
蛋	8 顆
藍莓	120g

做法

1 將奶油放室溫回溫後，加赤藻糖醇、椰子粉、泡打粉、香草精、檸檬皮、檸檬汁混合均勻。

2 分次慢慢加入蛋，每次只加一顆，混合均勻後再加下另一顆蛋。

3 加藍莓混合，放入杯子蛋糕模型。

4 放入預熱過的烤箱，以 180°C 烤 15 分鐘。

營養成分表 (以一人計算)	總熱量 306 kcal

醣類	9 g	糖量	5 g
		膳食纖維	2 g
蛋白質	10 g		
脂肪	27 g	飽和脂肪	17 g
		鈉	107 mg

全穀雜糧	豆魚蛋肉	蔬菜	水果	乳品	油脂與堅果種子
0	1.3 份 中脂	0	0	0	4 份

低糖檸檬櫛瓜麵包

這款檸檬櫛瓜麵包做法相當簡易，以杏仁粉取代麵粉，赤藻糖醇代替砂糖，烤過後，帶著淡淡檸檬清香，質地像是磅蛋糕一般，高纖低卡，當下午茶或早餐，配咖啡一起享用更美味！

份量：**8**人份

難易度：🥄🥄🥄🥄🥄

料理時間：預計約 **70** 分鐘

高纖低卡超簡單

材料

杏仁粉	300g
泡打粉	5g
海鹽	2g
椰子油	120ml
赤藻糖醇	95g
蛋	3 顆
香草精	3g
檸檬汁	20g
檸檬皮末	8g
櫛瓜絲	170g

做法

1　烤箱先預熱至 180°C。
2　杏仁粉、泡打粉、鹽、赤藻糖醇放入攪拌機拌勻。
3　另將椰子油、蛋、香草精、檸檬汁攪拌均勻。
4　將［做法 2］加入［做法 3］，再加入櫛瓜絲與檸檬皮末拌勻。
5　填入烤模，放入烤箱以 180°C 烤 50 分鐘。

營養成分表 (以一人計算)	總熱量 408 kcal	
醣類	31 g	糖量　22 g
		膳食纖維　2 g
蛋白質	7 g	
脂肪	30 g	飽和脂肪　15 g
		鈉　180 mg

全穀雜糧	豆魚蛋肉	蔬菜	水果	乳品	油脂與堅果種子
0	0.4 份 中脂	0.1 份	0	0	5.7 份

chapter
11

理論篇
T h e o r y

遇見更好的自己，做自己的營養師

完成 14 天挑戰後，是否覺得「減醣飲食」並沒有想像中的困難？而且，為了恭喜你這 14 天的堅持，除了身體體重的回饋外，我們更額外送你更多更好吃的低醣食譜，鼓勵你再向健康生活前進！

彩蛋！食尚美食家 **Nancy** 老師的隱藏版低醣料理

歡迎你至「NC5 美學教室（NC5 Studio）」官網（https://nc5studio. com.tw/）裡的「影音專區」裡，觀看更多低醣料理及相關訊息。或掃描這個 QRCode 直接觀賞！

建立兩大基礎概念，輕鬆計算熱量

概念 1　**認識每日飲食指南，建立好均衡的概念**

新版「每日飲食指南」將食物分為全穀雜糧類、豆魚蛋肉類、蔬菜類、水果類、乳品類及油脂與堅果種子類，而每類食物提供著不同的營養素，因此六大類食物均需多樣化攝取。

食物中主要提供熱量的三大營養素為醣類、蛋白質與脂質，適當攝取能供給身體所需的能量和幫助維持體內代謝。

低醣飲食快速上手

Low Carbohydrate Diet

醣在體內的必要性

1、大腦的主要能量來源。

2、血液中的葡萄糖，即「血糖」作為養分供給，維持體內的恆定。

3、在肝臟和肌肉以「肝醣」儲存能量。

因此醣來源的攝取建議優先順序：蔬菜類＞乳品類＞全穀雜糧類（未精緻）＞全穀雜糧類及水果類。至於額外添加的物質，例如糖或加工食品，建議最好不要碰。

每日飲食指南裡含醣的食物

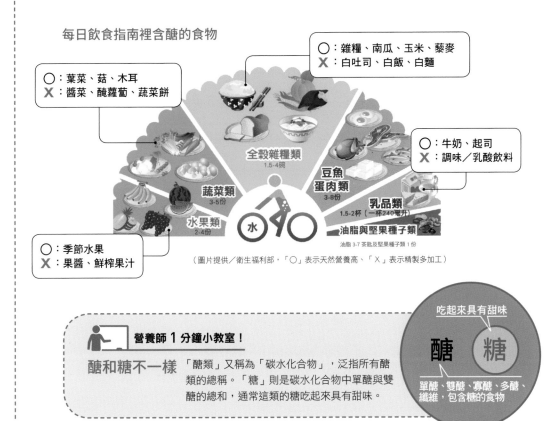

○：葉菜、菇、木耳
X：醬菜、醃蘿蔔、蔬菜餅

○：雜糧、南瓜、玉米、藜麥
X：白吐司、白飯、白麵

○：牛奶、起司
X：調味／乳酸飲料

全穀雜糧類
1.5-4碗

豆魚蛋肉類
3-8份

蔬菜類
3-5份

乳品類
1.5-2杯（一杯240毫升）

水果類
2-4份

水

油脂與堅果種子類
油脂 3-7 茶匙及堅果種子類 1 份

○：季節水果
X：果醬、鮮榨果汁

（圖片提供／衛生福利部，「○」表示天然營養高、「X」表示精製多加工）

營養師 1 分鐘小教室！

醣和糖不一樣　「醣類」又稱為「碳水化合物」，泛指所有醣類的總稱。「糖」則是碳水化合物中單醣與雙醣的總和，通常這類的糖吃起來具有甜味。

吃起來具有甜味

醣　糖

單醣、雙醣、寡醣、多醣、纖維，包含糖的食物

Go on!

概念 2 **從計算 BMI 開始，規劃專屬於你的每日熱量**

步驟 1 ╱ 計算身體質量指數（BMI）

身體質量指數（Body mass index，BMI）是以體重與身高的比例，可由此來判斷體態是否健康的指標，公式如下：

$$身體質量指數（BMI）＝體重（kg）/ 身高平方（m^2）$$

依照台灣的標準，BMI 值介於 18.5 到 23.9 之間屬於健康體位，小於 18.5 屬於過輕體位，若大於 24 就屬於過重體位，大於 27 則屬於肥胖體位。

舉例：丁丁是位上班族，身高 160 公分，體重 60 公斤，BMI = 60 ╱（1.6 X 1.6）= 23.4kg/m²，體重屬於「健康體位」。

◎衛生福利部公告以身體質量指數評估體位之建議切點：

成人肥胖定義	身體質量指數
體重過輕	BMI < 18.5
健康體位	18.5 ≦ BMI < 24
體位異常	**過重**：24 ≦ BMI < 27 **輕度肥胖**：27 ≦ BMI < 30 **中度肥胖**：30 ≦ BMI < 35 **重度肥胖**：BMI ≧ 35

步驟 2 ╱依據平日的活動量，計算每日所需的熱量

接下來，要找出身體所需的熱量，因此必須對應每個人每天的活動量來推估。一般活動量分為三種程度：

輕度活動：大部分從事靜態或坐著的工作，例如：家庭主婦、坐辦公桌的上班族、售貨員等。

中度活動：從事機械操作、接待或家事等站立活動較多的工作，例如：保母、護士、服務生等。

重度活動：從事農耕、漁業、建築等的重度使用體力之工作，例如：運動員、搬家工人等。

再對應「每天活動與熱量計算表」，計算自己每天所需要的熱量（卡路里）。
同前面的例子：60 公斤重的丁丁從事久坐的辦公室文書型事務，屬輕度工作，
每天攝取熱量應在 1800 大卡（即 30 大卡 X 60 公斤＝ 1800 大卡）。

◎每天活動與熱量計算表：

每天活動量	體重過輕所需熱量	體重正常者所需熱量	體重過重或肥胖者所需熱量
輕度工作	35 大卡 X 目前體重（公斤）	30 大卡 X 目前體重（公斤）	20~25 大卡 X 目前體重（公斤）
中度工作	40 大卡 X 目前體重（公斤）	35 大卡 X 目前體重（公斤）	30 大卡 X 目前體重（公斤）
重度工作	45 大卡 X 目前體重（公斤）	40 大卡 X 目前體重（公斤）	35 大卡 X 目前體重（公斤）

步驟 3 ／ 依據熱量需求對照六大類食物份量

接下來，丁丁可根據自己每日的熱量需求 1800 大卡，將全穀雜糧量 3 碗、
豆魚蛋肉類 5 份、乳品類 1.5 杯、蔬菜類 3 份、水果類 2 份及油脂與堅果種
子類 5 份作為一日的飲食目標。

◎六大類食物建議份量：

六大類食物／每日熱量	1200 大卡	1500 大卡	1800 大卡	2000 大卡	2200 大卡	2500 大卡	2700 大卡
全穀物雜糧（碗／份）	1.5	2.5	3	3	3.5	4	4
全穀物雜糧（未精製*碗／份）	1	1	1	1	1.5	1.5	1.5
全穀物雜糧（精製*碗／份）	0.5	1.5	2	2	2	2.5	2.5
豆魚蛋肉類（份）	3	4	5	6	6	7	8
乳品類（杯／份）	1.5	1.5	1.5	1.5	1.5	1.5	2
蔬菜類（份）	3	3	3	4	4	5	5
水果類（份）	2	2	2	3	3.5	4	4
油脂與堅果種子類（份）	4	4	5	6	6	7	8
油脂（茶匙）	3	3	4	5	5	6	7
堅果種子（份）	1	1	1	1	1	1	1

（*「未精製」主食品，如糙米飯、全麥食品、燕麥、玉米、甘薯等，「精製」指白米飯、白麵條、白麵包、饅頭等。以「未精製」取代「精製」，更佳。）

📝 請紀錄你的熱量及營養份量：

目前的體重_____ kg，BMI 值_____，體位_____
一日所需_____的大卡：全穀雜糧類____碗，豆魚蛋肉類____份、蔬菜類____份、
水果類____份、乳品類____杯及油脂與堅果種子類____份

Go on! 低「醣」主義 ── 粗食正夯，吃全食物的提案

「低醣飲食」顧名思義就是有限度的調降每日攝取的醣量，但絕對不是完全不攝食醣類食物。

依據衛生福利部國民健康署的建議，國民飲食建議：
每日攝取佔總熱量比例：醣類約占 50 ～ 60%；蛋白質 10 ～ 20%；脂質 < 30%。
目前各機構對於低醣飲食，沒有一致的標準，回顧目前醫學資料文獻，得到常見的飲食介入研究，將低醣設定每日攝取量在 130 克（佔 26%）以下。
若依 130 克來分配，則早午晚餐各占 20 ～ 40 克、點心佔 10 克。

低醣的每日攝取量

	每日醣（公克）	醣佔每日攝取量比例
非常低醣（生酮）	20-50	≤ 10%
低醣	< 130	< 26%
中醣	130-230	26-45%
高醣	> 230	> 45%

早餐 20~40g　午餐 20~40g　晚餐 20~40g　+　點心 10g

└ 控制每餐醣量 20~40 克 ┘

而且低醣飲食有以下六個優點：

· 優點 1 ／**體重控制**。
· 優點 2 ／**增強認知表現**。
· 優點 3 ／**降低飢餓感**。
· 優點 4 ／**代謝症候群及心血管相關風險**。
· 優點 5 ／**血糖、胰島素穩定**。
· 優點 6 ／**可能降低癌症風險**。

 營養師 1 分鐘小教室！

執行低醣飲食要注意的族群

遵循各種飲食法前，應充分了解此飲食法的目的，建立在科學研究基礎，以健康促進為原則，並確認自己是否合適。各種飲食方式是否適合皆因人而異，建議與專業醫療團隊及營養師討論。

一、成長發育中的孩童
長期醣類攝取不足可能會影響孩童的生長、發育、精神問題，建議以均衡飲食為主。

二、糖尿病友
糖尿病友執行低醣飲食者，應該與自己的照護團隊討論，適當調整藥物及監測血糖，以避免低血糖發生。

三、高血脂與有心血管
在執行低醣飲食時，相對之下會提過每日蛋白質的攝取比例，若主要以動物性來源者，總死亡率與癌症罹患風險有顯著正相關。

吃出好營養 —— 認識營養標示，落實減「醣」非難事

大多數民眾在購買食物時，並不會詳細閱讀營養標示，其實魔鬼藏在細節中，讓我們一起看懂營養標示！

步驟 1 ／看懂包裝食品的格式

依據衛生福利部公告「包裝食品營養標示應遵行事項」，市售包裝食品營養標示格式有兩種：

營養標示		
每一份量 100 公克		
本包裝含 20 份		
	每 100 公克	每份
熱量	123.5 大卡	123.5 大卡
蛋白質	7.9 公克	7.9 公克
脂肪	9.7 公克	9.7 公克
飽和脂肪	2.5 公克	2.5 公克
反式脂肪	0 公克	0 公克
碳水化合物	0.7 公克	0.7 公克
糖	0.1 公克	0.1 公克
鈉	190 毫克	190 毫克

← ①標示每一份及每 100 公克（或每 100 毫升）熱量與營養素含量。

→ ②標示每一份熱量與營養素含量及每日參考值所占百分比。

營養標示［38g/包，9包/盒］		
	每份	每日參考值百分比
熱量	110.5大卡	6%
蛋白質	3.8公克	6%
脂肪	1.5公克	3%
飽和脂肪	0.3公克	2%
反式脂肪	0公克	*
碳水化合物	21.6公克	7%
糖	4.3公克	*
膳食纖維	2.3公克	27%
鈉	531.8毫克	9%

步驟 2 ／看懂包裝食品份量，計算營養標示醣含量

依據營養標示中的份量做計算，以下圖為例：某商品「每一份量為 12.5 公克，本包裝含 4 份」，即可得知某商品總共含 4 份。然後，即可對應營養標示計算出各營養表的含量及含醣量。

計算營養素含量

營養表含量計算：

熱量 71 X 4 = 284 大卡
蛋白質 1.1 X 4 = 4.4 公克
脂肪 4.4 X 4 = 17.6 公克
飽和脂肪 2.8 X 4 = 11.2 公克
反式脂肪 0 X 4 = 0 公克
碳水化合物 6.8 X 4 = 27.2 公克
糖 6.7 X 4 = 26.8 公克
鈉 15 X 4 = 60 毫克

含醣量（即碳水化合物）為 27.2 公克，其中的糖含量為 26.8 公克。

Do it! 所以，低醣飲食一點也不難，就跟著食尚營養師 Charlotte 與生活美食家 Nancy 老師一起動手做減醣料理開始吧～

從廚房開始的健康生活：
低醣主義，粗食正夯，100 道全食物低醣料理美味提案！
—— 減脂瘦身零失敗！美食料理家 Nancy、營養師 Charlotte 聯手出擊

作者／吳佩砡 Nancy Wu
　　　　陳芊穎 Charlotte Chen
攝影／蕭希如、孫森影像
文字編輯／沈軒毅
執行編輯／李寶怡
封面設計＆美術編輯／Arale、招財貓
企畫選書人／賈俊國

總編輯／賈俊國
副總編輯／蘇士尹
編輯／高懿萩
行銷企畫／張莉滎、黃欣、蕭羽猜

發行人／何飛鵬
法律顧問／元禾法律事務所王子文律師
出版／布克文化出版事業部
　　　台北市中山區民生東路二段 141 號 8 樓
　　　電話：02-2500-7008
　　　傳真：02-2502-7676
　　　Email：sbooker.service@cite.com.tw
發行／英屬蓋曼群島商家庭傳媒股份有限公司城邦分公司
　　　台北市中山區民生東路二段 141 號 2 樓
　　　書虫客服服務專線：02-25007718；25007719
　　　24 小時傳真專線：02-25001990；25001991
　　　劃撥帳號：19863813；戶名：書虫股份有限公司
　　　讀者服務信箱：service@readingclub.com.tw

香港發行所／城邦（香港）出版集團有限公司
　　　香港灣仔駱克道 193 號東超商業中心 1 樓
　　　電話：852-2508-6231　傳真：852-2578-9337
　　　Email：hkcite@biznetvigator.com

馬新發行所／城邦（馬新）出版集團 Cité (M) Sdn. Bhd.
　　　41 Jalan Radin Anum, Bandar Baru Seri Petaling,
　　　57000 Kuala Lumpur, Malaysia.
　　　電話：+603- 9057 -8822
　　　傳真：+603- 9057 -6622
　　　Email：cite@cite.com.my

印刷／韋懋實業有限公司
初版／2022 年 5 月
售價／新台幣 450 元
ISBN ／ 978-986-5405-72-4
EISBN ／ 978-626-7126-24-0(epub)

城邦讀書花園　布克文化
www.cite.com.tw　WWW.SBOOKER.COM.TW

冬季黑松露系列
Black Winter Truffle

頂級美味・尊爵收藏
Fall in love with your life

小惡魔起司
Diavoletti

半軟黑松露起司
Caciotta Truffle

葡萄水牛乳起司
Drunken Buffalo Wedge

用專業打造新食尚體驗！

上上芋食尚顧問
BONNE CHANCE Consultant & Co.

☑ **健康趨勢報告**
☑ **餐飲營養分析**
☑ **講座、工作坊**
☑ **企業健促設計**

☑ **營養師1對1諮詢**
- **孕期營養、兒童成長**
- **運動飲食、增肌減脂**
- **銀髮軟質、體態專科**

芊營營養諮詢中心
電話：02-2234-3539
聯絡信箱：bc28.service@gmail.com
地址：116臺北市興隆路四段165巷28號

⇧ **掃描 QR code**
更多資訊與優惠

從產地到餐桌，新鮮直送到家

從產地到餐桌，
新鮮美味直送到家

青熊家

舒肥牛排即食包
加熱即食的好滋味

掃QRcode購買

VINONINE

法國 義大利
紅酒 白酒 香檳專門

紅酒白酒找艾玖

NC5 蛋白質即食包

舒肥料理包，打開加熱即可享用

1. 增肌減脂的健身人
2. 忙碌的上班族
3. 需要10分鐘快速上菜的父母

- 黑胡椒鹽雞胸肉
- 普羅旺斯雞胸肉
- 泰式檸檬雞胸肉
- 川味椒麻雞柳條
- 舒肥機腿肉排
- 舒肥迷迭香牛排

更多獨家資訊

掃描 QR CORD